哺乳动物

不列颠图解科学丛书

Encyclopædia Britannica, Inc.

中国农业出版社

图书在版编目（CIP）数据

哺乳动物 / 美国不列颠百科全书公司编著；董颖霞
译. –– 北京：中国农业出版社，2012.9（2016.11重印）
（不列颠图解科学丛书）
ISBN 978-7-109-17107-7

Ⅰ.①哺… Ⅱ.①美… ②董… Ⅲ.①哺乳动物纲—
普及读物 Ⅳ.①Q959.8-49

中国版本图书馆CIP数据核字(2012)第194754号

Britannica Illustrated Science Library
Mammals

© 2012 Editorial Sol 90
All rights reserved.

Portions © 2012 Encyclopædia Britannica, Inc.

Photo Credits: Corbis, ESA, Getty Images, Bryan Mullennix—Riser/Getty Images, Graphic News, NASA, National Geographic, Science Photo Library

Illustrators: Guido Arroyo, Pablo Aschei, Gustavo J. Caironi, Hernán Cañellas, Leonardo César, José Luis Corsetti, Vanina Farías, Manrique Fernández Buente, Joana Garrido, Celina Hilbert, Jorge Ivanovich, Isidro López, Diego Martín, Jorge Martínez, Marco Menco, Marcelo Morán, Ala de Mosca, Diego Mourelos, Pablo Palastro, Eduardo Pérez, Javier Pérez, Ariel Piroyansky, Fernando Ramallo, Ariel Roldán, Marcel Socías, Néstor Taylor, Trebol Animation, Juan Venegas, Constanza Vicco, Coralia Vignau, Gustavo Yamin, 3DN, 3DOM studio

ENCYCLOPÆDIA
britannica®
www.britannica.com

不 列 颠 图 解 科 学 丛 书
哺乳动物

© 2012 Encyclopædia Britannica, Inc.
Encyclopædia Britannica, Britannica, and the thistle logo are registered trademarks of Encyclopædia Britannica, Inc.
All right reserved.

本书简体中文版由Sol 90和美国不列颠百科全书公司授权中国农业出版社于2012年翻译出版发行。
本书内容的任何部分，事先未经版权持有人和出版者书面许可，不得以任何方式复制或刊载。
著作权合同登记号：图字 01-2010-1426号

编　　著：美国不列颠百科全书公司
项 目 组：张 志 刘彦博 杨 春
策划编辑：刘彦博
责任编辑：刘彦博　梁艳萍
翻　　译：董颖霞
译　　审：张鸿鹏
设计制作：北京亿晨图文工作室（内文）；惟尔思创工作室（封面）
出　　版：中国农业出版社
　　　　　（北京市朝阳区农展馆北路2号　邮政编码：100125　编辑室电话：010-59194987）
发　　行：中国农业出版社
印　　刷：北京华联印刷有限公司
开　　本：889mm×1194mm 1/16
印　　张：6.5
字　　数：200千字
版　　次：2012年12月第1版　2016年11月北京第2次印刷
定　　价：50.00元

哺乳动物

目　录

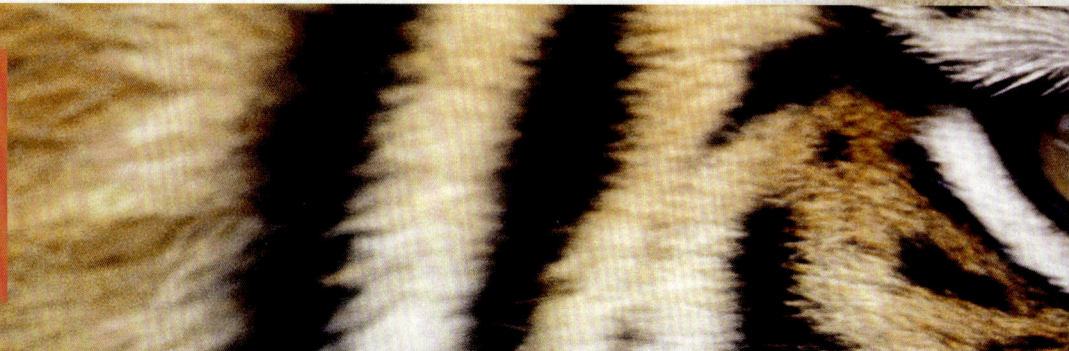

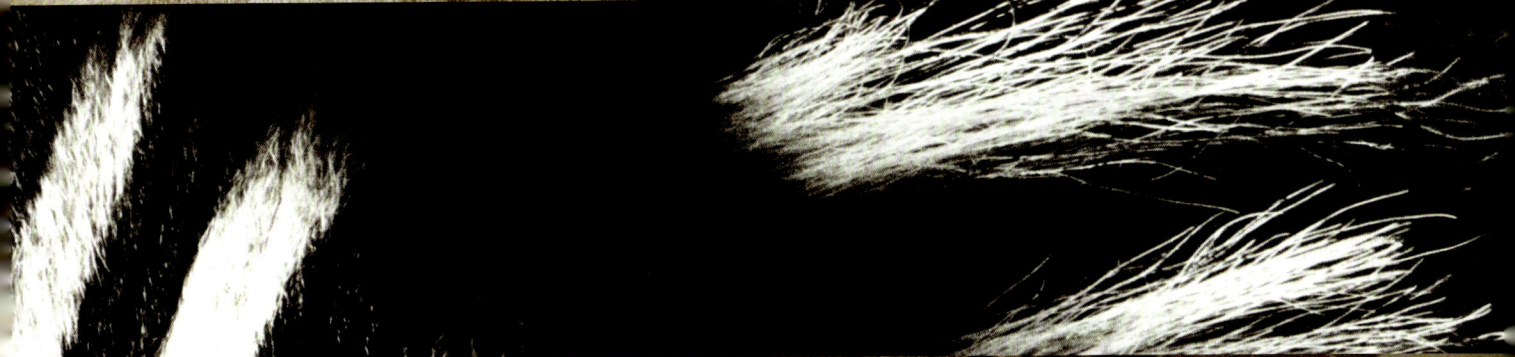

独一无二的和与众不同的

大约在6 500万年前，哺乳动物开始成为地球上的主宰，而现代人类无疑是哺乳动物中的佼佼者，他们占据着地球上的每一处栖息地。公元前1万年左右，人类开始驯养其他物种，从而开始了从游猎采集向以农业为基础的社会的转变。从那时起，人类开始从小型哺乳

动物身上获得肉类和乳类产品，并利用大型动物来进行劳作。公元前9000年左右，在中东地区，绵羊最先成为被驯养的动物。随后，猪、牛、山羊和犬类也相继被驯服。但直到今天，绝大多数哺乳动物仍然生活在野生环境中。

目前世界上已知的哺乳动物共有5 416种，它们分布在各类陆生和水生环境中。尽管这些物种因为具有某些相似之处而一同被纳入哺乳纲，但它们之间仍然千差万别。例如，最小的哺乳动物鼩鼱，重量仅有3克；而身躯最庞大的蓝鲸，体重可达160吨。哺乳动物的多样性也明显地表现为对不同环境的适应性，它们有的奔跑，有的滑行，有的飞翔，有的跳跃，有的游弋或爬行。大多数水生哺乳动物的毛发退化，被厚厚的脂肪层取代。在极寒冷的条件下，北极熊、睡鼠以及某些蝙蝠等哺乳动物成为恒温法则的特例，为了保存体内的能量，它们整个冬天都会熟睡不醒。海豹、海豚、蝙蝠和黑猩猩都有着骨骼相似的上肢，但不同的生存环境使其外形差异巨大：海豹演化出鳍状肢，海豚长出的是鳍，蝙蝠张开的是翅膀，黑猩猩拥有的则是上臂。数千种哺乳动物遍布地球，从极地冻原到热带丛林，从深海到山潭，它们无处不在。

然而，这个绚丽多姿的动物世界却遭到数量最为庞大的物种——人类的破坏。恣意捕猎、非法贸易、乱砍滥伐、城市化发展、大规模旅游开发以及环境污染等，已使上千物种（许多为哺乳动物）濒临灭绝或是变得脆弱而不堪一击。不过，科学使我们看到了大自然的种种奇迹，使我们对全球生态平衡给予更多的关注。本书将为你奉上精美的插图和全面详尽的讲解，与你一同领略哺乳动物的精彩瞬间，了解它们的生命周期、群体生活和独有特征。在它们当中，既有我们最亲密的朋友犬类，又有神秘的独行者鸭嘴兽。●

起源和进化

北极熊可称得上是全能运动健将，无论在陆地还是水中都有好身手。它们水性极佳，可以以10千米/小时的速度游动，还能在水中悠闲地小憩甚至睡觉。与所有哺乳动物一样，它们具有保持体温恒定的能力，因此能够忍受极地的严寒。通过本书，你将对哺乳动物有别于其

北极熊

又称作"白熊"，是名副其实的"极地之王"。不过，它们正一步步地走向灭绝。

他动物的特质属性有更多的了解。你知道吗，哺乳动物几乎是与恐龙同时出现在地球上的，但在那时，它们的体型很小，就像老鼠一般大，无法与那些巨型爬行动物相抗争。继续阅读本书，你将会有更多发现。●

几百万年前……

哺乳动物起源于2.2亿多年前的三叠纪，在那个时期，陆生生物进化过程中出现了新的动物种群。通过对化石的研究，我们可以大致了解早期哺乳动物的进化历史。摩根锥齿兽就是其中之一，人们已经发现了它们留下的大量遗迹。●

摩根锥齿兽

进化枝	哺乳形类
群	合弓纲
子群	三椎齿类
科	始齿兽科
属	摩根锥齿兽

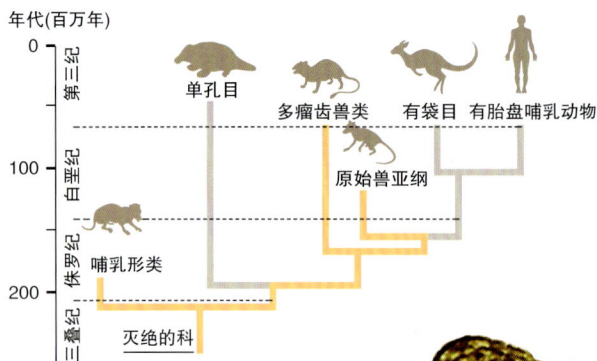

体重：
30~50克
身长：15厘米

年代(百万年)

第三纪
白垩纪
侏罗纪
三叠纪

单孔目
多瘤齿兽类
有袋目
有胎盘哺乳动物
原始兽亚纲
哺乳形类
灭绝的科

从爬行动物到哺乳动物

图例 下颌骨 鳞状骨 角 次棱角 锤骨 砧骨 镫骨

原始爬行动物
背部、颈部和臀部的骨骼与哺乳动物相似，因此能够更好地直立。它们一生换齿一次，与今天的爬行动物相比，其脑容量更大。

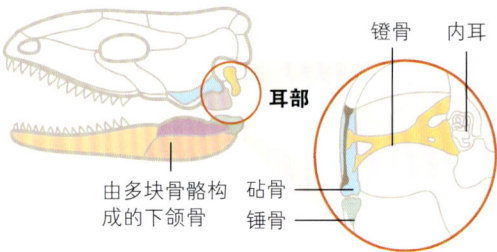

镫骨 内耳
耳部
由多块骨骼构成的下颌骨
砧骨
锤骨

哺乳形类
牙齿的形状和功能各不相同，有门齿、犬齿和臼齿。头部长有宽大的次生腭，下颌骨由单一齿骨构成，后部骨骼变小，与颅骨环接。

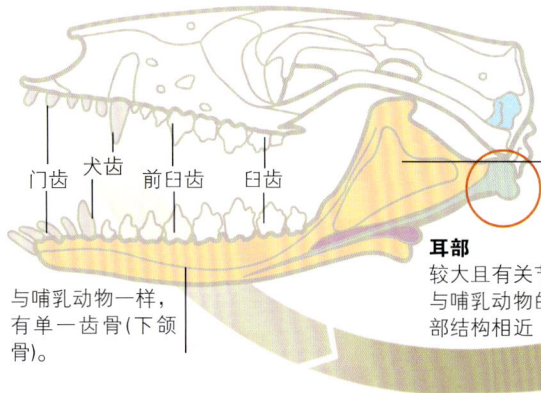

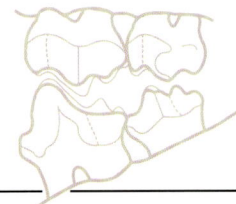

门齿 犬齿 前臼齿 臼齿

与哺乳动物一样，有单一齿骨(下颌骨)。

耳部
较大且有关节，与哺乳动物的耳部结构相近

臼齿
呈三角形，与门齿前部结构相反，数量增加到4枚。

哺乳动物
颅骨较大，下颌骨由单一齿骨构成，耳部有关节，牙齿的大小和形状各不相同。

单一齿骨
(下颌骨)

耳部
内耳

3块小骨
镫骨
砧骨
锤骨

毛皮
虽然哺乳动物是体温恒定的温血动物，但它们仍然需要依靠毛皮来抵御严寒。

内窝
下颌骨尚未完全具备现代哺乳动物的特征。

肱骨
较大，使前肢能够更自如地活动。

单孔目
硬齿鸭嘴兽

有袋类
双门齿兽

有胎盘哺乳动物
古猬兽

姿态
背部、颈部及臀部的骨骼使其能够更好地直立。

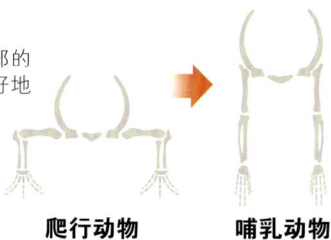

爬行动物　**哺乳动物**

肩胛骨
连接着前肢和腰椎。

腰椎
无肋骨，能支撑身体扭动。

尾部
与今天的啮齿类动物相比，其尾部短而尖。

髋臼
骨盆上的一个圆形腔，连接着大腿骨的上端。

上髁
与肱骨环接，连接前肢。

髌骨
即膝盖骨，将股骨、胫骨及腓骨连接起来。

转子
位于股骨上，是协调运动的肌肉的附着点。

爪部
- 8块腕骨
- 5块掌骨
- 5块近节指骨
- 5块中节指骨
- 4块末节指骨

足部
- 7块跗骨
- 5块跖骨
- 5块近节趾骨
- 5块中节趾骨
- 4块末节趾骨

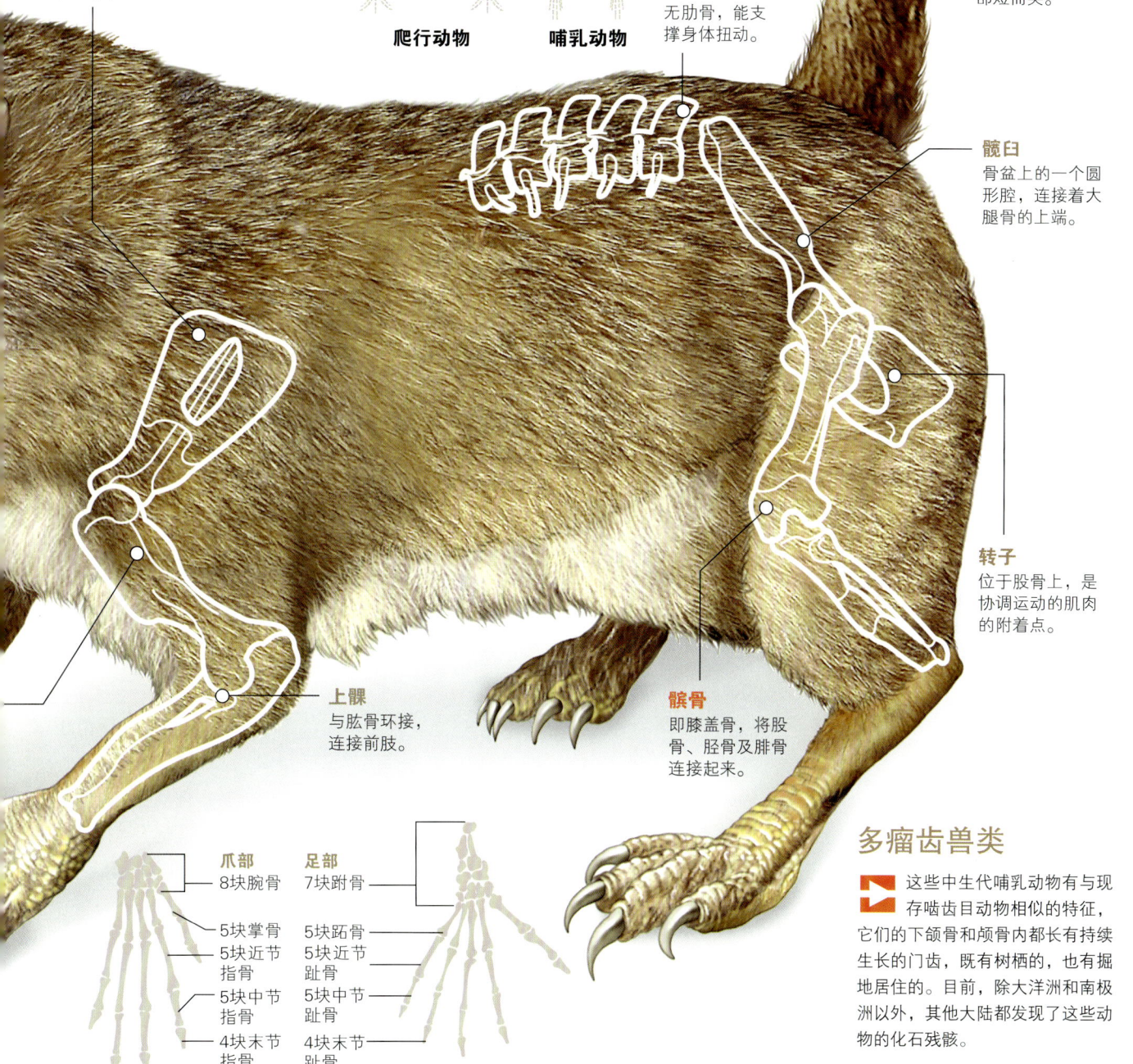

多瘤齿兽类

这些中生代哺乳动物有与现存啮齿目动物相似的特征，它们的下颌骨和颅骨内都长有持续生长的门齿，既有树栖的，也有掘地居住的。目前，除大洋洲和南极洲以外，其他大陆都发现了这些动物的化石残骸。

名称和种群

哺乳纲分为两个亚纲：原兽亚纲（与鸟纲等相似，卵生）和兽亚纲。而兽亚纲又分为后兽次亚纲（有袋目哺乳动物）和真兽次亚纲（有胎盘哺乳动物），前者胎儿的生长依赖于育幼袋，后者的后代在出生时已经发育完全。目前存在的哺乳类物种大部分属于真兽次亚纲，也包括人类。●

原兽亚纲

单孔目

在所有已知哺乳动物种群中，卵生哺乳动物（单孔目）出现得最早。研究发现，卵生哺乳动物与其他哺乳动物的起源可能不同，它们是三叠纪时期（2亿多年前）的合弓纲爬行动物的直系后裔。

单孔目动物是唯一的卵生哺乳动物，其脑颅形状以及毛发和乳腺的生长情况表明，它们属于哺乳动物家族。然而，由于母兽的乳腺没有乳头，幼兽只能在乳腺区舔食乳汁。

现存的单孔目动物仅有针鼹和鸭嘴兽两种。鸭嘴兽较为特殊，由于其外形与鸟类相似，因此在很长的一段时间里，人们无法从动物学角度将其归类。

针鼹
针鼹科
用舌头捕食蚂蚁和白蚁，因此又称为"针食蚁兽"，它们皮肤上长有毛发和尖刺。

4
这是目前已知的针鼹种数。

角状喙
用来翻动河床淤泥以搜寻食物。

地域限制
鸭嘴兽和针鼹仅存在于大洋洲，而且鸭嘴兽只生活在澳大利亚。一些针鼹（共有4个种类）则还出现在塔斯马尼亚岛以及新几内亚岛。

鳍
鸭嘴兽用鳍状肢划水游动。

鸭嘴兽
鸭嘴兽科
是水陆两栖单孔目动物，足部和尾部有蹼，这有助于游泳。它们生活在澳大利亚的河流或湖泊地区，用角状喙在河底或湖底觅食，任何能发现的活物都能成为它们的食物。

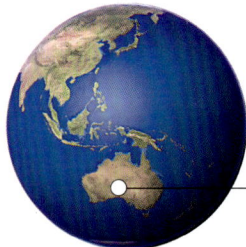

澳大利亚

兽亚纲

后兽次亚纲

后兽次亚纲（或称有袋类哺乳动物）的主要特征在于它们的繁殖方式和生长方式。与其他哺乳动物相比，它们的妊娠期极短（最长不超过38天，如大灰袋鼠）。这就意味着幼兽出生时还没有发育完全，它们体表无毛，眼和耳还处于成形阶段，但此时幼兽已有了嗅觉，口部、消化系统和呼吸系统都已基本成形，足以维持生命。出生后，幼兽会在母兽腹部爬动寻找乳腺。袋鼠的幼崽会找到母兽育幼袋的边缘，然后爬进去，吸附在乳腺上获取食物和养分，直到它们发育成熟，离开育幼袋。

澳大利亚

南美洲

大自然的恩泽

在除澳大利亚及其周边群岛以外地区很难找到有胎盘哺乳动物。但在这片陆地上，生活着约83％的独特（地区性）的哺乳动物种群。

负鼠
负鼠科
它们大多数时间都栖息在树上，十分胆小。

哺乳动物——全世界的殖民者

最早的有袋类哺乳动物和有胎盘哺乳动物的化石，是在侏罗纪晚期和白垩纪早期的岩石中发现的。那一时期，美洲、非洲和大洋洲是连在一起的（冈瓦纳大陆），但已经开始分离。有胎盘哺乳动物随着时间不断进化，到了始新世初期（5 600万年前），负鼠成为美洲大陆上仅存的有袋类哺乳动物，而大洋洲凭借独特的气候和地理隔离条件成为有袋类哺乳动物的天堂。

目前共有
300
多个物种。

袋獾
袋鼬科
这是一种体型类似于小型犬的食肉动物，也是体型最大的食肉有袋类哺乳动物，虽然澳大利亚的袋獾在600年前就灭绝了，但它们却在塔斯马尼亚岛上存活下来。

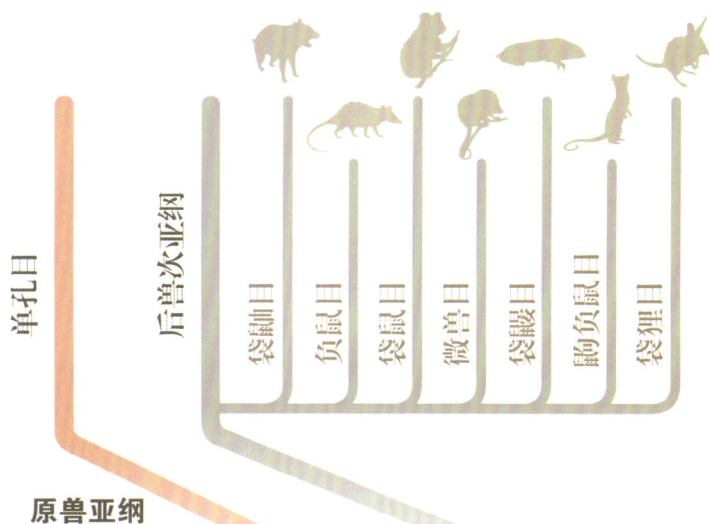

单孔目　后兽次亚纲　袋鼬目　负鼠目　袋鼹目　微兽目　袋鼩目　鼩负鼠目　袋鼠目

原兽亚纲

真兽次亚纲

俗称有胎盘哺乳动物，是典型的哺乳动物，大约在白垩纪时期（6 500万~15 000万年前）由后兽亚纲的另外一支变异而来的。其主要特征是胚胎位于子宫腔内，并变异出与母体紧密连接的外层细胞——胎盘。幼崽在出生之前，器官（除生殖器官外）已经完全发育成形，其所必需的营养物质都是通过胎盘得到的。

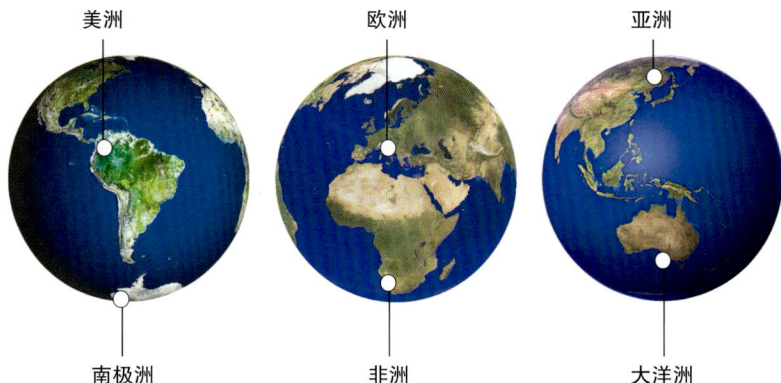

美洲　欧洲　亚洲

南极洲　非洲　大洋洲

浣熊

食肉目

生活在河流附近的森林里，是食肉类善攀爬的动物，主要栖息在北美地区。

全球分布

由于真兽次亚纲的现存动物物种数量十分庞大，因此真兽次亚纲动物（或称为有胎盘哺乳动物）是最为重要的哺乳动物。它们的地理分布十分广泛，在陆地、水下与极地都有分布，几乎覆盖了整个地球。真兽次亚纲动物存在于多个不同的生态系统中，共分为19目。

侏罗纪海狸

过去，科学家们认为哺乳动物是在恐龙灭绝后才开始征服地球的。但近期在中国发现的海狸化石表明，在大型爬行动物最为繁盛的侏罗纪时期，哺乳动物就已经开始多样化，并逐步适应水域生态系统，比之前科学家们认为的开始时间早了1亿年。这种獭形狸尾兽生活在大约1.4亿年前。

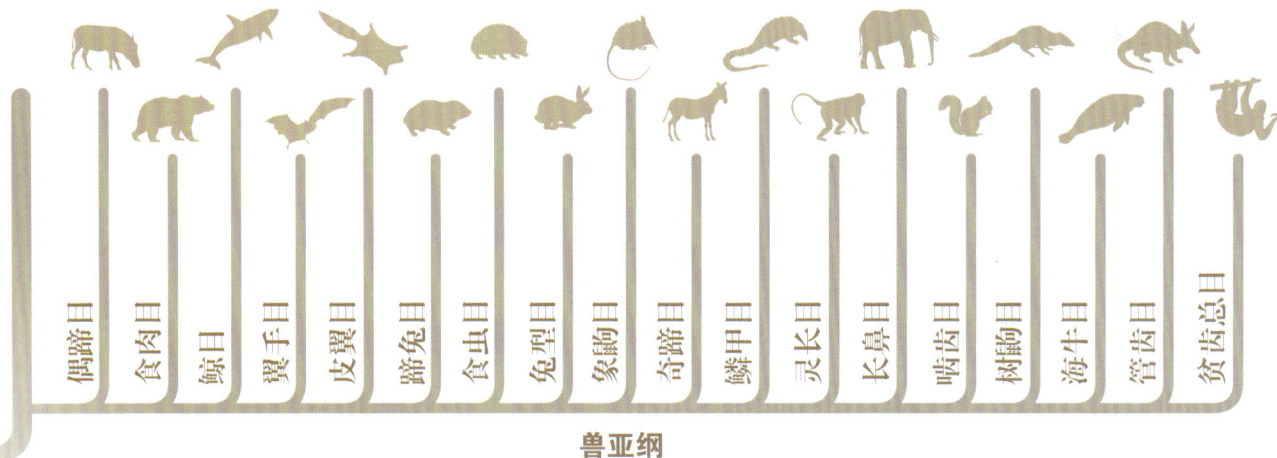

真兽次亚纲

偶蹄目　食肉目　鲸目　翼手目　皮翼目　蹄兔目　食虫目　兔型目　象鼩目　奇蹄目　鳞甲目　灵长目　长鼻目　啮齿目　树鼩目　海牛目　管齿目　贫齿总目

兽亚纲

长颈鹿

偶蹄目

长颈鹿是最高的陆生动物（最高可达5.5米）。它们是食草动物，血压几乎是其他大型哺乳动物的两倍，舌头长达0.5米，主要生活在非洲地区。

脖子

这么长的脖子，能让它们吃到最高处的树叶。

海豹

食肉目

和海狮及海象一起构成了鳍足亚目。虽然它们在陆地上的行动十分笨拙，但却是游泳高手。它们以鱼类和甲壳类动物为食，喜欢居住在极地附近的海域，但在陆地上进行繁殖。

毛皮

全身覆盖的短毛及厚厚的皮下脂肪能抵御极地的严寒。

目前现存约

4 900

种真兽次亚纲哺乳动物。

山魈

灵长目动物

体重达55千克，是目前世界上体型最大的猿类动物。公山魈要比母山魈壮实许多，它们的脸上色彩丰富，口鼻两旁长着两道深深的沟。山魈生活在非洲的热带地区，是杂食性动物，从草类到小型哺乳动物都可以成为它们的美食。

什么是哺乳动物？

哺乳动物具有不同于其他动物的一系列特征：体表长有毛发，母兽直接生出幼崽，乳腺能分泌乳汁，用来喂养新生幼崽。所有哺乳动物都用肺呼吸，具有封闭的双循环系统，以及动物世界里最为发达的神经系统。维持恒定体温的能力使得哺乳动物遍布世界的每个角落，无论是严寒的极地还是酷热的沙漠，无论是高山还是海洋，都有它们活跃的身影。●

能够适应各种环境的躯体特征

体表有毛发，汗腺有助于调节并维持体温恒定。两只眼睛分布在头的两侧（具有双眼视觉的灵长类除外），为它们提供了广阔的视野。四肢呈足状或者肉肢状，只有着地走路的那部分有少许差异。水栖哺乳动物的四肢进化为鳍状肢，蝙蝠的四肢则进化为翼手。食肉类的掠食者有着锋利的爪子，而蹄行动物（如马类）则有着支撑整个躯体、利于奔跑的强壮蹄脚。

宽吻海豚
瓶鼻海豚

毛发

体毛是哺乳动物的独有特征。不过体毛极少的海牛与鲸类哺乳动物例外，这两类哺乳动物为了适应水生环境，体毛已经退化了。

据估算，地球上现存哺乳动物的种数为

5 416种。

齿列

大多数哺乳动物在从幼年到成年的成长过程中都会换牙，不同类型的牙齿有着不同的功能：臼齿用于咀嚼，犬齿用于撕扯，门齿用于啃咬。花鼠等啮齿动物的牙齿会不断生长，不断更新。

金花鼠
松鼠科

人类的近亲

人类也属于灵长目动物，人科动物（猩猩、大猩猩和黑猩猩）是体型最大的灵长目动物，体重在48~270千克。一般说来，雄性的体型要比雌性大，身体更为强健，臂膀更为有力。它们的直立姿态使其骨骼与其他灵长类动物的骨骼产生了很大差异。大猩猩只生活在西非赤道附近的原始森林里，它们行走时需要前肢的支撑。大猩猩的身高通常在1.2 ~1.8米，但如果它们伸展前肢直立起来身高可超过2米。

颅骨
同整个躯干相比，其颅骨体积相对较大，它们的大脑比其他动物进化得更为完善、更为复杂。

由骨头组成的耳朵
耳部若干块小骨构成了声音感应系统与传送系统。

下颌
是由1块齿骨和拥有不同功能的牙齿组成的，整个颅骨的结构非常简单。

乳腺
分泌乳汁，雌兽用它来哺育幼崽，让新生生命度过最初的几个月，哺乳动物也因此而得名。

体温保持在37° C
维持体温恒定不变的能力，并不是哺乳动物特有的，鸟类也具备这种能力。

皮肤致密
由外层（表皮）、内层（真皮）以及保持体温恒定的皮下脂肪组织构成。

大猩猩

恒温能力

恒温能力是指使体温保持相对稳定、不受外界环境影响的能力。但冬眠动物除外，因为它们必须降低体温来减少新陈代谢。不过，与人们的一般认识相反，熊并不是真正意义上的冬眠，它们只是在冬天进入了一个深度睡眠时期。

棕熊

四肢

哺乳动物的四肢是在适应陆地生活过程中逐渐进化形成的，它们的前肢有一些其他的功能（如游泳、操控、攻击、防御、保护）。但鲸类动物和海豹科例外，鲸类动物只有两只无趾的鳍状肢，这样能够更好地适应海洋生活。

象海豹（又称海象）
海豹科

考虑生存环境

哺乳动物与其自然栖息地之间存在着一种关系，它们的生存需要能够从体态特征上体现出来。例如，海象的鳍状肢可以用来游泳和捕鱼，而拟态与奔跑对鹿类来说十分重要。生理机能是适应环境的一种特殊手段，骆驼就是一个很好的例子。

水域	温带森林	沙漠	草原或牧草地
热带稀树大草原	热带雨林	寒温带针叶林	苔原

不同寻常的灵长目动物
人类拥有改造环境，使之有利于自身发展的能力。人们能够创造工具来帮助自身适应周围环境，所以不必单纯地依赖自然进化，人类几乎适应了所有的生存环境。

恒　温

哺乳动物是恒温动物，这就意味着无论环境条件如何变化，它们都能够保持身体内部的温度稳定，这种能力使它们能够在地球的各个地区生存下来。它们通过维持血液中的水分、矿物质及葡萄糖浓度间的平衡，以及避免身体内部废物的蓄积，以实现体内平衡。●

北冰洋之王

北极熊（又称白熊）就是能够适应不宜生存环境的完美例证。它们的毛皮看上去呈白色、淡黄色或奶白色，但实际上是半透明的且无色，它由两层构成，里面一层是厚厚的短绒毛，表面一层的毛则比较长。厚厚的毛皮与皮下脂肪层使它们具有极地生存所必需的保温隔热能力，即使在结冰的海中潜水或游泳也不怕，还可以抵挡暴风雪的侵袭。

游泳健将

对北极熊来说，在开阔的水域中游泳是一件极容易的事，它们的速度可达10千米/小时。北极熊在游泳时用厚厚的前掌来推动身体，用后脚来把握方向，它们的毛发是中空的，里面充满了空气，因此能够增加身体的浮力。潜水时，它们也能睁着眼睛。

北极熊

受妈妈保护的熊宝宝们

北极熊宝宝一般在冬天出生，熊妈妈的皮肤会产生热量，保护熊宝宝不会挨冻。

迁徙

当春天来临的时候，北极熊就开始南下，以避开北极冰雪消融期。

新陈代谢

北极熊的皮肤脂肪层有10~15厘米厚，不仅能够隔热保温，还能够储备能量。当温度到达临界值时（北极的温度可低至−50~−60℃），北极熊的新陈代谢水平会显著升高，迅速燃烧脂肪与食物中的能量。只有这样，它们才能够维持体温恒定不变。

冰下的世界

秋天，雌性北极熊会挖出一个隧道，当怀上幼崽后，它们能不吃不喝地在洞穴里度过数月。在这段时期，母熊的体重会下降45%。

次级隧道通道

呼吸道
北极熊的鼻子里有一层黏膜，能使进入鼻腔的空气在进入肺部之前得到温暖与湿润。

体毛
表面是半透明的，能防水。

中空且充满空气。

卧室或隐蔽处

主隧道通道

入口

蜷成一团

许多生活在寒冷气候区的哺乳动物都喜欢蜷成一团，它们把四肢裹在身体下面，尾巴像毛毯一样顺着身体缠绕，这样可以最大程度地减少体表的热量损耗。相反，生活在炎热地带的动物则喜将身体舒展开，以散发热量。

皮肤各层

针毛
外层

下层绒毛
内层

脂肪10~15厘米厚

主要的脂肪储备区：
大腿、腰臀部和腹部

北极熊的平均游泳时速为

10千米以上。

慢慢悠悠，稳稳当当地游泳

后肢掌舵把握方向。

前肢划水充当动力源。

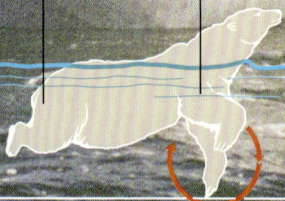

漂浮在海面上
如果它们游累了，就会漂浮在水面上休息。它们可以一直这样漂浮60千米。

爬出来：防滑熊掌
北极熊的熊掌表面长着小小的乳头状突起，通过它们可以与冰面产生摩擦，防止滑倒。

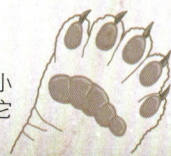

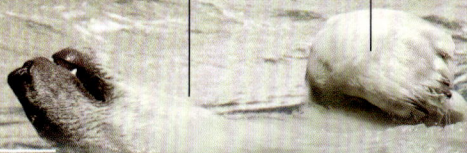

水动外形

外形特征

大部分哺乳动物都拥有立体视觉，这赋予了它们深度的感知能力。此外，诸如虎这类掠食者的夜间视力比人类敏锐6倍。许多物种还有着非常灵敏的嗅觉，而嗅觉是与味觉紧密联系的。毛发在这些动物

孟加拉虎

孟加拉虎是猫科动物中体型最大的成员。它们橘黄的毛色中夹杂着黑色的条纹与白色的斑点，十分显眼。

的生命中也扮演着不同的角色：贮存热量、提供保护、用作伪装。那些几乎没有体毛且生活在寒冷环境中的动物（如鲸），它们的皮肤下面已经进化出了一层厚厚的脂肪。●

优雅与运动

马是奇蹄目哺乳动物中的一种，经常被人们看作优雅与自由的象征。由于马的脊椎弯曲度不大，可以避免在躯干起伏的过程中产生不必要的能量损耗，因此精力充沛，跑得飞快。马的骨骼强劲、灵活而轻巧，肌肉以相反方向成对或成组排列而成，通过收缩发力。●

奔跑的力量

马是极为强健有力的哺乳动物，相对于体重而言，它们的奔跑速度相当快。马奔跑时的巨大能量来源于肌肉的收缩，其肌肉组织的天然用途就是让它们能够尽快地逃离敌人的猎捕，这种能力也使马繁衍了几百万年。

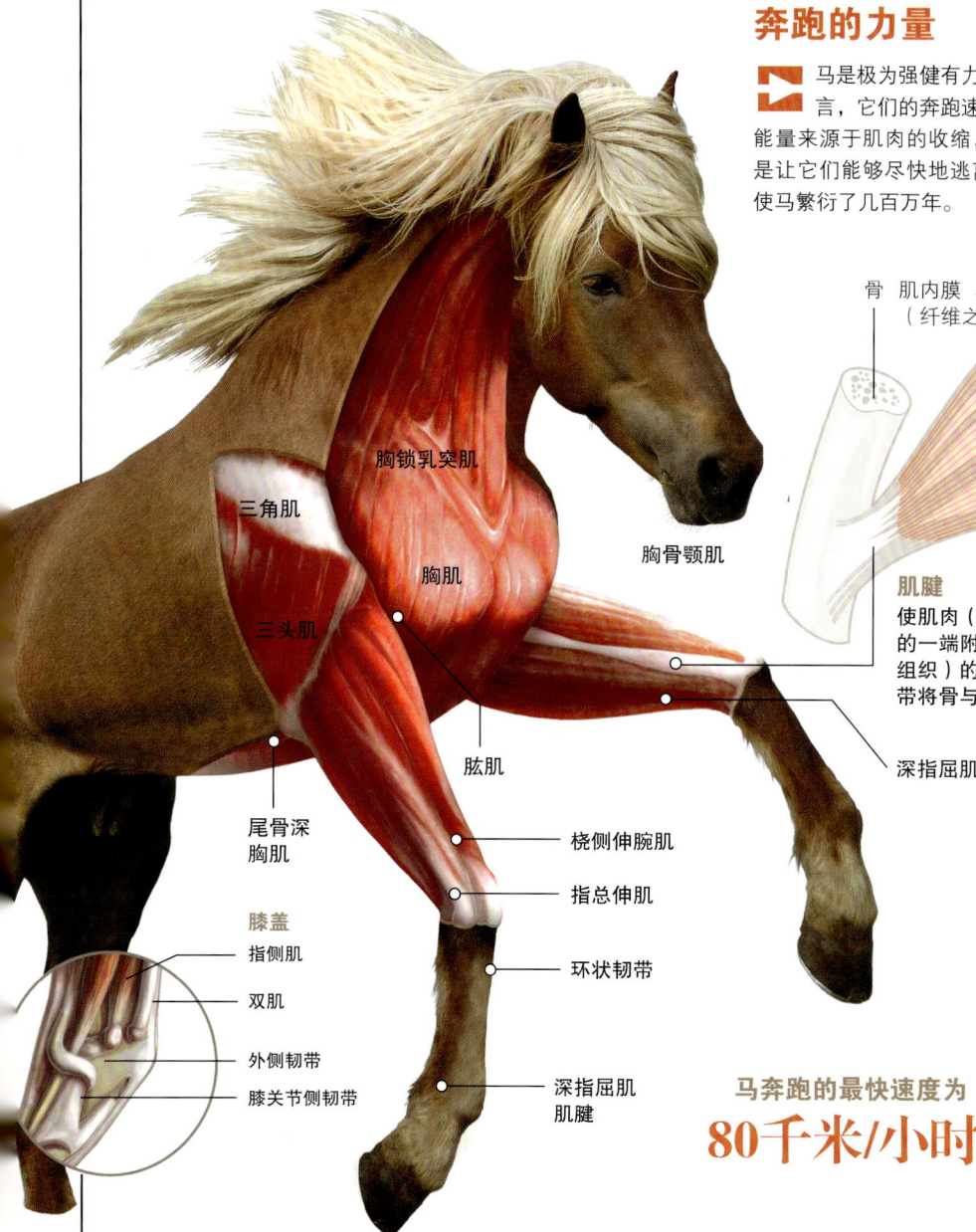

骨　肌内膜（纤维之间）
肌肉束
肌肉纤维（细胞）
肌束膜
血管
肌外膜

三角肌
胸锁乳突肌
胸肌
三头肌
胸骨颈肌
尾骨深胸肌
肱肌
桡侧伸腕肌
指总伸肌
环状韧带
深指屈肌
深指屈肌肌腱

膝盖
指侧肌
双肌
外侧韧带
膝关节侧韧带

肌腱
使肌肉（横纹肌组织）的一端附着于骨头（骨组织）的结缔组织。韧带将骨与骨相互连接。

骨骼

颊腔

22颗

牙齿

每块上、下颌骨各有22颗牙齿，包括：

6颗臼齿
6颗前臼齿
2颗狼牙（已退化）
6颗门齿
2颗犬齿

胸骨

是连结胸腔前部肋骨的骨头，与肋骨一起形成胸廓，提供对内脏的支撑保护作用。

飞奔的四肢
后肢驱动起跳，前腿支撑落地时的重量，为了减少体能消耗，脊椎在奔跑时基本不会弯曲。但体重较轻的猫科动物会在奔跑的时候弯曲脊椎。

马脚

跖骨
第三趾骨
第二趾骨
足舟骨
大趾骨
籽骨
跖垫

马奔跑的最快速度为

80千米/小时。

蹄
因为马长着这样的"趾甲"，所以被称为有蹄类动物，貘和犀牛也属于有蹄类动物。

后肢蹄踵
马蹄壁弯端
蹄楔
掌底
马掌

运动中的马

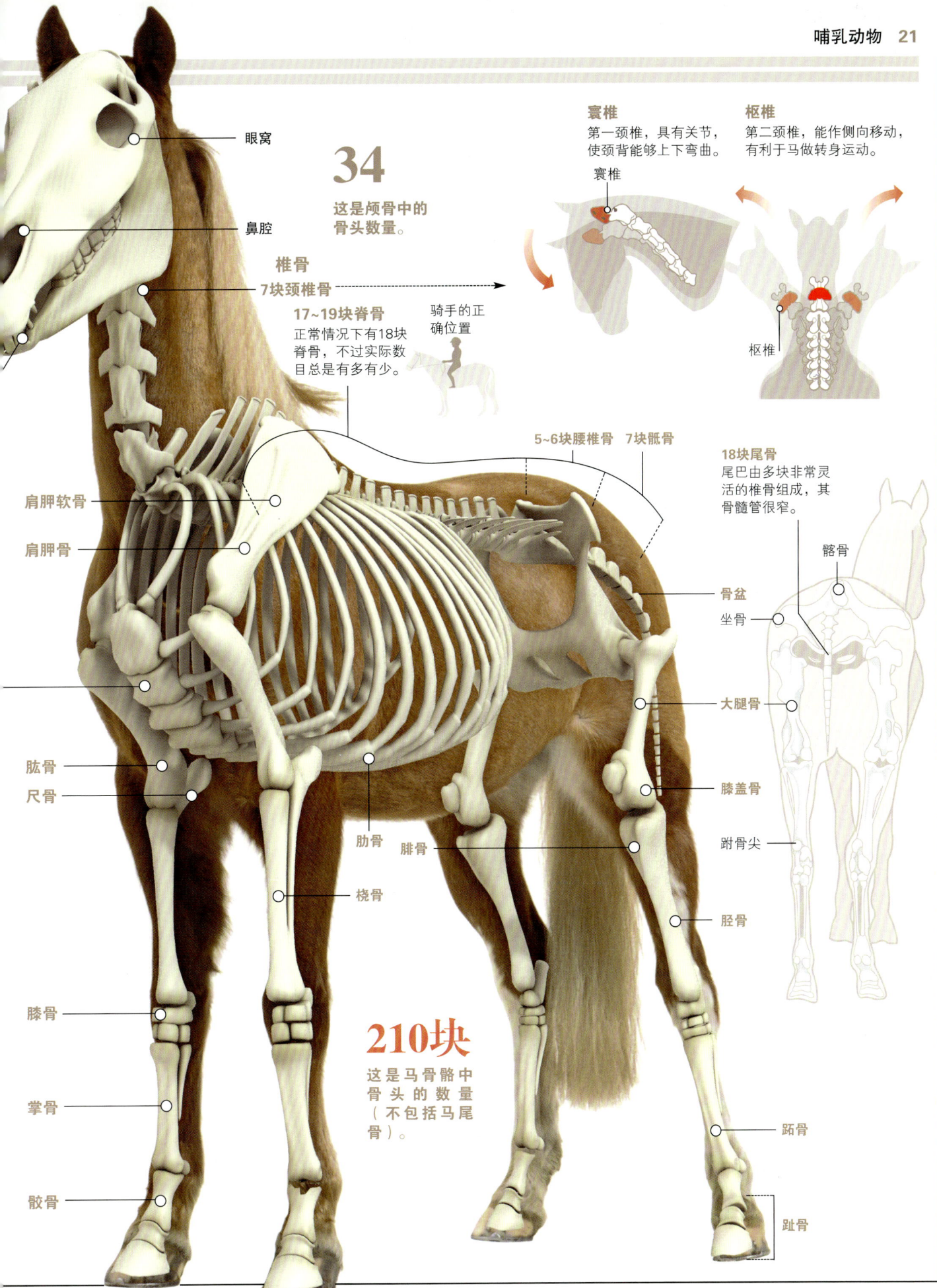

眼窝

鼻腔

寰椎
第一颈椎，具有关节，使颈背能够上下弯曲。

枢椎
第二颈椎，能作侧向移动，有利于马做转身运动。

寰椎

34
这是颅骨中的骨头数量。

椎骨
7块颈椎骨

17~19块脊骨
正常情况下有18块脊骨，不过实际数目总是有多有少。

骑手的正确位置

枢椎

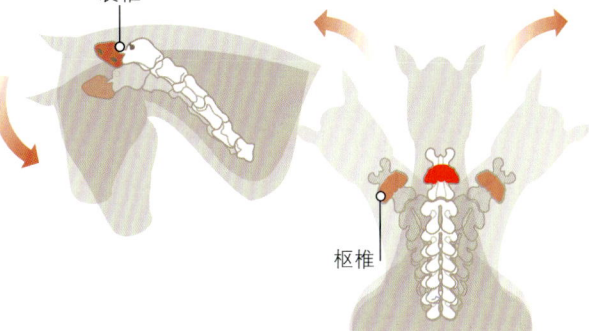

5~6块腰椎骨　**7块骶骨**

18块尾骨
尾巴由多块非常灵活的椎骨组成，其骨髓管很窄。

髂骨

肩胛软骨

肩胛骨

骨盆

坐骨

大腿骨

肱骨

尺骨

膝盖骨

肋骨　　腓骨

跗骨尖

桡骨

胫骨

膝骨

210块
这是马骨骼中骨头的数量（不包括马尾骨）。

掌骨

跖骨

骸骨

趾骨

第二趾

四　肢

哺乳动物的四肢基本上呈足状或肉肢状，不过这会随各动物物种不同的行为方式而有所变化。如水栖哺乳动物的四肢进化成鳍，蝙蝠的四肢则演变为膜翼，陆生哺乳动物的四肢进化则取决于它们在运动中如何承担自身的重量。用整个脚掌来承担体重的动物被称为跖行动物，用脚趾来承担体重的动物被称为趾行动物，仅以趾骨末端触地的动物则被称为有蹄类动物。●

机能适应

除了形态学分类标准之外，还可以按四肢机能为标准进行分类。猫、狗和马的四肢都用于运动；灵长类的前肢异化，除了运动，还可以用来获取食物或将食物送入口中；其他一些哺乳动物的四肢还可以用于游泳或者飞翔。

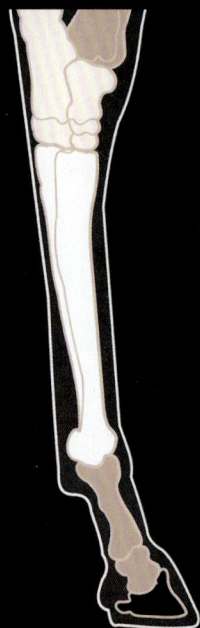

图例
- 胫骨/腓骨
- 跗骨
- 跖骨
- 趾骨

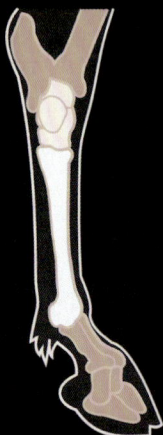

蹄行动物一
马
如果你观察过马的足迹，就会发现它们只有蹄子的印迹，这是因为马蹄仅由一趾构成。

蹄行动物二
山羊
大多数有蹄类动物（如山羊）其趾数都是偶数，这类动物被称为偶蹄动物。趾数为奇数的动物被称为奇蹄动物。

说谎的脚印
其他蹄行动物的蹄趾数目较多，不过承担重量的一般只有两个脚趾。

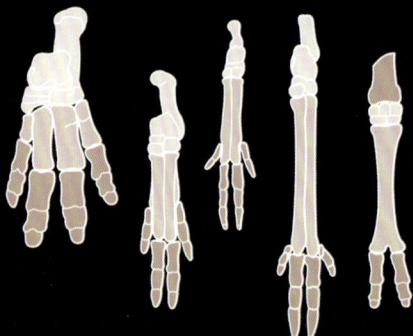

河马　　猪　　鼠鹿　　鹿　　骆驼

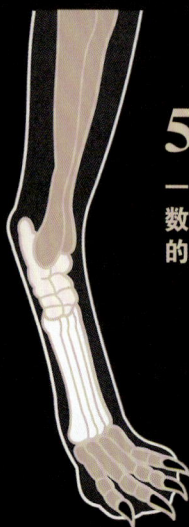

5趾
一般哺乳动物的趾数，但奔跑型动物的要少一些。

趾行动物
狗
这类哺乳动物走路时会将所有（或部分）脚趾整体贴在地面上，因此它们的脚印中往往有前趾和前脚掌一小部分的印迹，猫和狗是最好的例证。

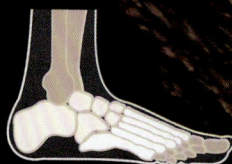

跖行动物
人类
包括人类在内的灵长目动物，在行走时都会将重量放在脚趾与大部分脚掌上，特别是放在跖骨上。田鼠、鼬鼠、熊、兔子、臭鼬、浣熊、老鼠和刺猬也都是跖行动物。

黑猩猩的左脚
（普通黑猩猩）
实际大小照片

趾甲

远节趾骨

大脚趾　　中节趾骨

趾骨

跖骨

小

跗骨

走还是爬
人脚与猴脚有着本质的区别，猴子的脚趾长而且善于攀爬，与手类似。它们在林间穿梭时也会用脚来抓牢树枝。

黑猩猩　　　人

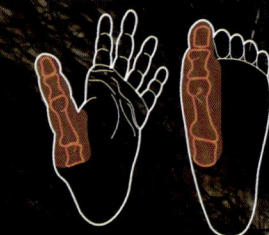

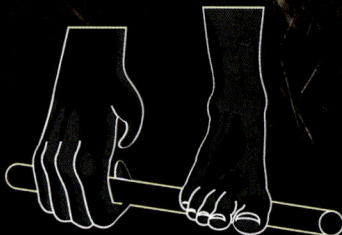

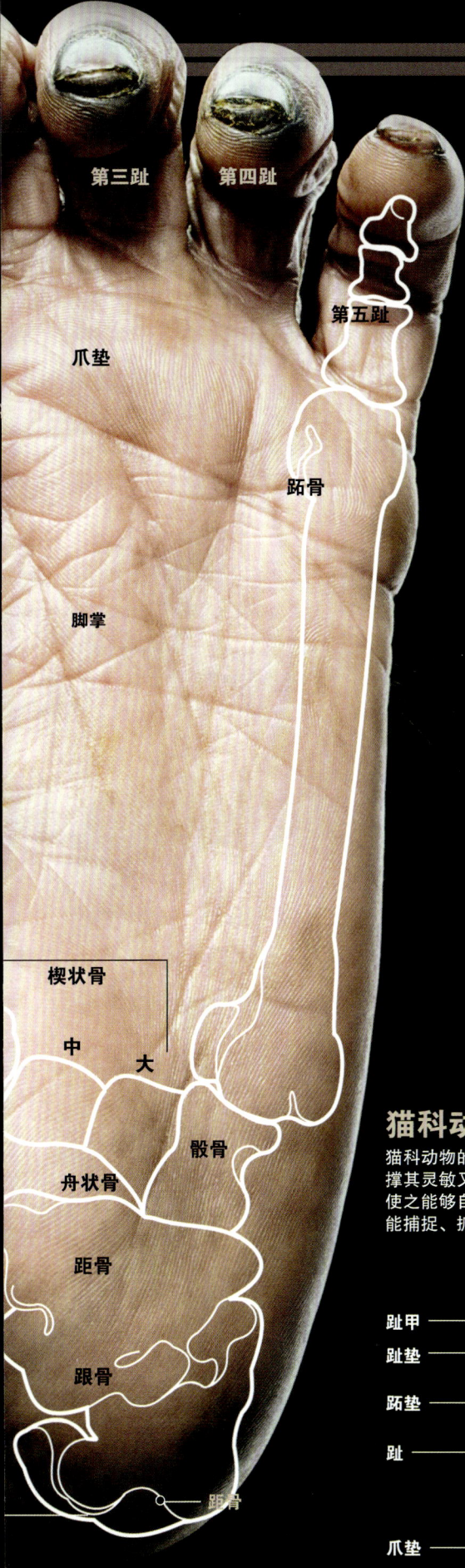

翼手目

英语中该词来源于希腊语，意为"翅膀状的手臂"，这也是蝙蝠被归入此目的原因，它们的前肢发生了异化，各指变细变长，能支撑翼状膜；后肢则没有类似的变化，各趾仍然长爪。

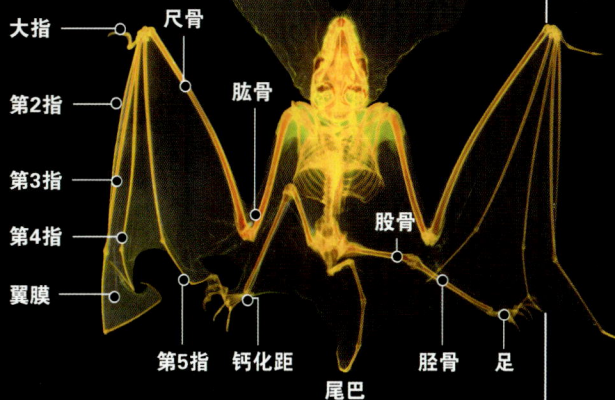

第三趾
第四趾
第五趾
爪垫
跖骨
脚掌

大指
尺骨
第2指
肱骨
第3指
第4指
翼膜
股骨
第5指　钙化距
胫骨　足
尾巴

鲸类

鲸类如此适应海洋生活，看上去就像是鱼，但是鲸鳍（变异的前肢）内部的骨结构却与具有各指的手类似。鲸没有后肢，它们的尾鳍扁平，用于在水中游动，但与四肢没有关系。

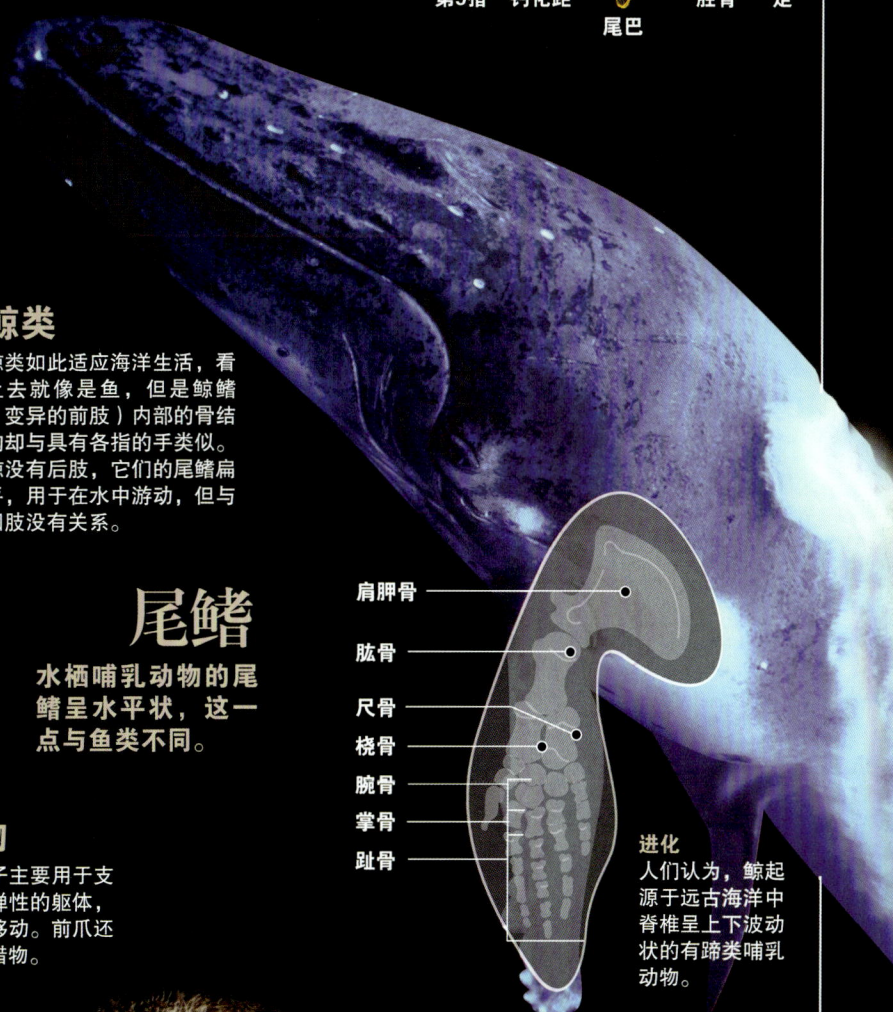

尾鳍

水栖哺乳动物的尾鳍呈水平状，这一点与鱼类不同。

楔状骨
中　大
骰骨
舟状骨
距骨
跟骨
跟骨

肩胛骨
肱骨
尺骨
桡骨
腕骨
掌骨
趾骨

进化

人们认为，鲸起源于远古海洋中脊椎呈上下波动状的有蹄类哺乳动物。

猫科动物

猫科动物的爪子主要用于支撑其灵敏又有弹性的躯体，使之能够自由移动。前爪还能捕捉、抓取猎物。

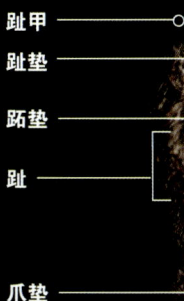

趾甲
趾垫
跖垫
趾
爪垫

伸缩自如的爪子

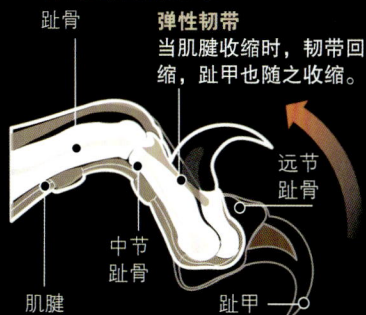

趾骨

弹性韧带
当肌腱收缩时，韧带回缩，趾甲也随之收缩。

远节趾骨
中节趾骨
肌腱
趾甲

飞一样的奔跑

猎豹是用血肉与骨骼造就的流星，它们是猫科家族中最特殊的一员，也是奔跑速度最快的陆生动物，凭借着敏锐的视觉与飞快的速度来捕捉猎物。猎豹的极限短距离奔跑速度可达115千米/小时，它们可在平均2秒内迅速发力，将速度提升到72千米/小时。它们通常的奔跑速度可超过100千米/小时，但这样的速度仅能维持几秒钟。猎豹的外形同美洲豹相似，但体型特征却有些不同，它们的身体更细长，头部更小、更接近圆形。●

起跳
从一棵树的顶端跳向另一棵矮一些的树

猎豹

老虎喜欢趴在一旁等着猎物接近，然后扑上去；而猎豹则会以100千米/小时的爆发速度来追赶猎物。

1 起跑
起跑时，猎豹会甩开四肢，迈大步子。

2 脊柱收缩
然后猎豹会将四肢收于躯干之下，最大限度地收缩颈椎。

鼻孔
大张，以便在奔跑时吸入更多氧气。

第二接触点
再次伸展四肢，仅用一条后肢作支撑，获取更多冲力。

目	食肉目
科	猫科
种	猎豹（非洲）
	猎豹（亚洲）

第一接触点
跑动时，每次只有一条腿触地，但在颈椎收缩过程中，整个躯体都会腾空而起。

两足动物与四足动物的对比

29千米/小时
六带鞭尾蜥
（*Cnemidophorus sexlineatus*）

37千米/小时
人类
100米短跑记录：尤塞恩·博尔特（牙买加），9.58秒

67千米/小时
灰狗
一种具有较轻骨骼且躯体结构符合空气动力学原理的犬类

80千米/小时
马
肌肉组织强劲有力，骨骼构造适于奔跑。

115千米/小时
猎豹
只需要2秒钟就可以将速度提升到72千米/小时。

翼膜

尾巴的作用类似方向舵。

西伯利亚飞鼠

飞鼠（*pteromys volans*）与松鼠一样同属于啮齿动物，外形与生活习性也大致相同，主要生活在从欧洲北部延伸至亚洲东部、横跨西伯利亚的混生林中。

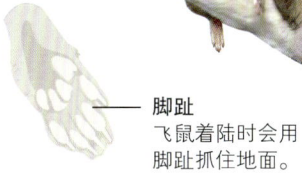

脚趾
飞鼠着陆时会用脚趾抓住地面。

在空中
飞鼠实际上并不会飞，只是滑翔而已，它们的前肢与后肢之间有翼膜就像三角翼一样。飞鼠伸腿起跳的同时皮翼也伸展开来，正是因为有这个天然优势，它们才能够从一棵树的顶端滑翔到另一棵树的树干上。

降落
滑翔时，飞鼠可以改变落地角度。在落地之前，它们会将尾巴放低，抬起前腿，以皮翼为空气制动器，然后四肢稳稳地着陆。

尾巴
与躯干其他部分相比，猎豹的尾巴较大，方向突然变换时可以用作着力点。

③ 脊柱伸展
在收缩后的反推作用下，脊柱伸展，产生向前的冲力，猎豹一跃可达8米远。

115千米/小时
这是猎豹奔跑的极限速度，但仅能维持500米远。

肩部
大幅弯曲，使其腾跃距离延长。

头部
小且符合空气动力学原理，以减少空气阻力。

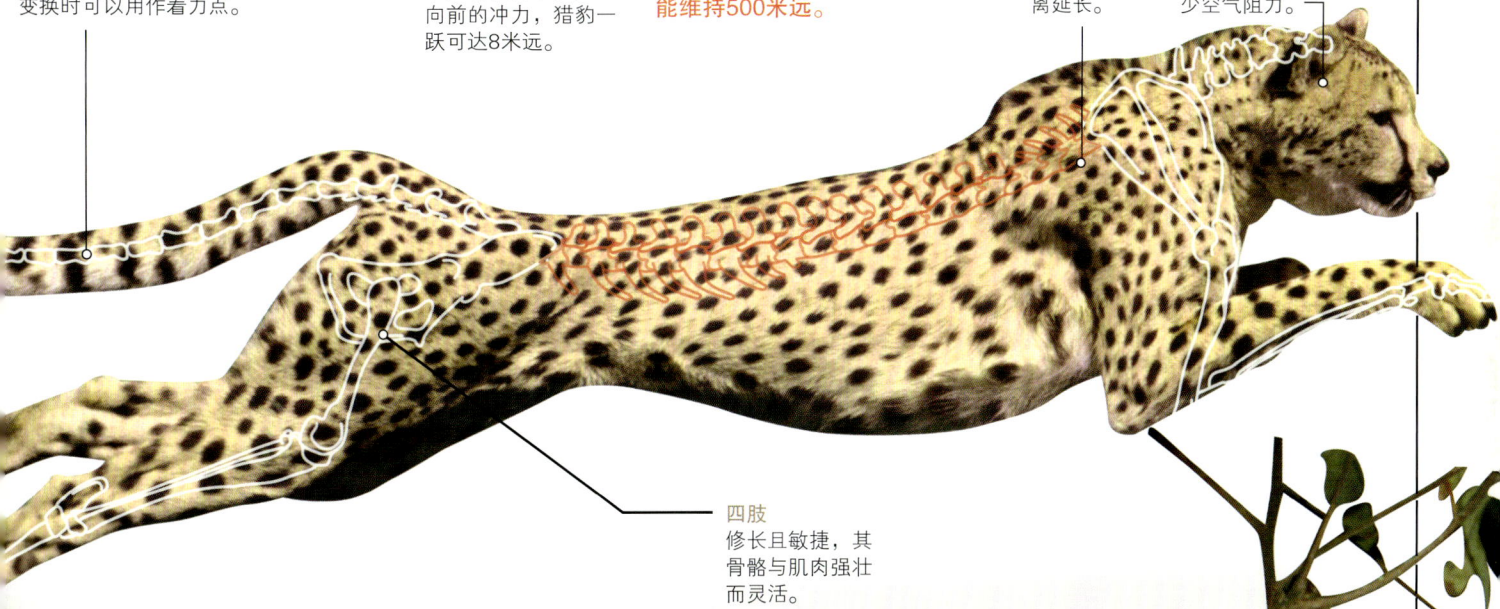

四肢
修长且敏捷，其骨骼与肌肉强壮而灵活。

树獭

树獭的新陈代谢是出了名的缓慢，仅仅移动一下四肢，就需要花上半分钟的时间。不仅如此，它们还近视，听觉也极为普通，嗅觉也只能分辨出自身所食用的植物。它们和猎豹简直就是两个极端。不过，由于树獭几乎一直栖息在树上，因此并不需要有敏捷的身手、敏锐的视力或听觉，它们十分适应这种缓慢的生活方式。

Z字型高速行进

1 猎豹能够在高速飞奔时紧急转向。

2 因为猎豹的趾甲并不具有可伸缩性，所以可以牢牢地抓住地面，从而做到紧急转向。

爪子

脚趾
前肢5趾
后肢4趾

趾甲
与其他猫科动物不同，猎豹的趾甲是不能够伸缩的，因此可以牢牢地抓住地面。

三趾树獭
栖息于亚马孙河流域

非凡的视觉

老虎是世界上体型最大的猫科动物，有着非凡的身体运动技巧与高度敏锐的感官，是地球上最为完美的捕食者。老虎白天的视力同人类相当，不过不容易看清楚细小的地方。它们通常在夜晚出动捕食，因为其夜间视力更敏锐，是人类的6倍，这是由于它们眼睛具有更大的前房、晶状体与瞳孔。●

黑暗中依然能看得清清楚楚

▶ 掠食者捕食猎物靠的是感官的敏锐性。猫科动物的瞳孔可以放大，最多可达人类瞳孔的3倍以上，光线微弱且捕猎对象的动作幅度不大时，它们的视觉能力最强。这是因为其眼睛视网膜后面有一个由15层细胞系统构成的反射镜面(反光膜)，这个反射镜面强化了所有进入视野的光线，所以它们的眼睛在黑暗中异常闪亮。不仅如此，它们的眼睛对光的敏感度也比人类高6倍。由于老虎的圆形瞳孔具有很强的适应性，在夜间会完全张开，因此大大增强了它们的夜视能力。

双眼视觉

两只眼睛各自的视野有部分重叠，由此形成了三维视觉。双眼视觉能够帮助捕食者判断捕食对象的距离和体型，因而对捕猎技巧起着决定性的作用。

焦点一

焦点二

老虎的视角为255°，其中120°是双眼视觉；而人类的视角只有210°，双眼视觉也是120°。

在猫科动物的眼中，光线会通过类似镜面的反光膜向外反射，此一过程能使眼睛中的光线感受器获得第二次机会，捕捉那些在光线首次通过视网膜时被遗漏的光子。

视野

右眼视野

左眼视野

双眼视野

瞳孔

瞳孔会调节通往视网膜的光线，瞳孔在光线强烈时收缩，在光线微弱时放大。各类哺乳动物的瞳孔形状是不同的。

老虎　　猫　　山羊

视网膜

晶状体
虹膜
角膜
瞳孔
结膜

玻璃体

视觉
神经

昼行动物的视网膜
分辨颜色、感知清晰度以及光线强弱的视锥细胞起主要作用。

视杆细胞

视锥细胞

夜行性动物的视网膜
对光线极其敏感的视杆细胞起主要作用。

光线或颜色
视网膜对光的敏感度取决于视杆细胞，而对形状与颜色的敏感度则取决于视锥细胞。对于老虎来说，视杆细胞起主要作用。

视野

人类

长吻狗类

短吻狗类

野兔

发达的感官

狗从狼身上继承了灵敏的听觉与敏锐的嗅觉，这两种感官在狗与周围环境的关系中以及许多活动中都发挥着重要的作用。不过，它们非常仰赖其凭藉栖息环境而发展出来的感官灵敏度。人类通常以形象来识记他人，而狗类则是以气味来辨识同类的。对于狗类来说，嗅觉是最重要的感觉，它们的嗅觉细胞数量是人类的45倍，嗅觉范围达150平方厘米。狗类可以分辨出100万个分子中的1个另类分子，还可以听到人类听不到的很微弱的声音。●

听觉

狗的听力高度发达，是人类的5倍，它们的听觉能力取决于其耳朵的形状与位置，这两个要素使狗类具备了声音定位与关注能力，不过根据品种不同，这两种能力的大小也有差异。它们可以听到更尖锐的音调或者更微弱的声音，而当声音出现时，它们能够直接确定空间参照点。狗类可以听到频率高达40千赫的声音，而人类听觉的最高上限为18千赫。

耳蜗内部视图

赖斯纳氏膜
前庭阶
柯蒂氏器
鼓阶

耳廓软骨
听觉神经
耳道
耳蜗神经
中耳
耳蜗

内耳迷路

半规管

听小骨

砧骨（砧状）
锤骨（锤状）
镫骨（镫状）

耳道
鼓膜
圆形隆起
卵圆窗
耳咽管
耳蜗

鼓泡的内部结构

圆形隆起将声音传导至鼓泡以及其他将电信号送往大脑的器官。

纤毛冠
纤毛细胞

听觉水平

	0	1	10	100	1 000	10 000	20 000	40 000	赫兹
人类									
狐狸									
老鼠									
蝙蝠									
青蛙									
大象									
鸟类									

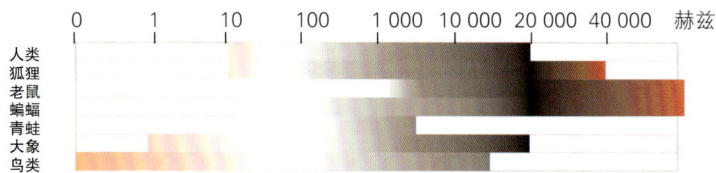

嗅觉

嗅觉是狗类最发达的感觉功能，它们的鼻腔内有2.2亿个嗅觉细胞。位于鼻甲中的黏液组织会使吸入的空气变得温暖潮湿。

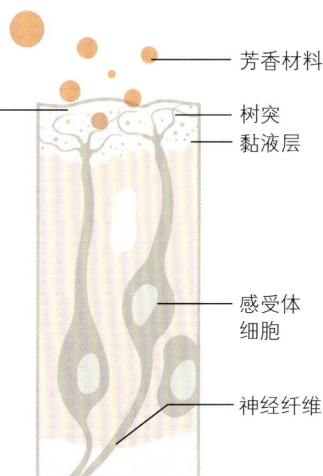

鼻甲骨
覆盖着这些骨头的上皮组织负责分泌黏液，黏住吸入的微粒。

芳香材料

树突

黏液层

感受体细胞

神经纤维

狗类的嗅觉能力超过人类

1 000倍。

味觉

狗类的味蕾长在舌头后部与上颚柔软的部分，味蕾上生长着感受体细胞，经由这些感受体细胞，狗类能分辨食物中的化学成分。

味蕾
分散在舌头的表面，它们之间的相互作用十分复杂，经由神经末梢作用使狗类能够感受到味道。

味觉感受体
狗的味觉和嗅觉紧密相连。各个味觉感受体细胞会将信息传递给大脑的嗅觉中心。

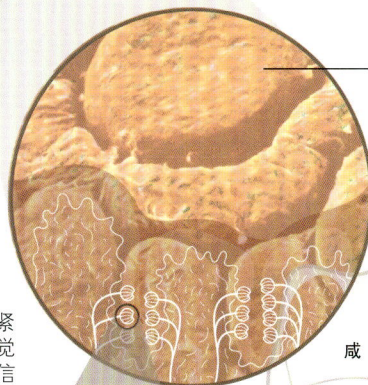

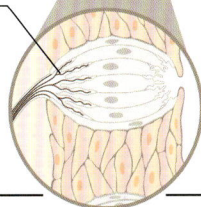

舌头与味道
舌头前端感受的是甜味，中端感受的是酸味，后端感受的是咸味，左右两端既可以感受咸味，又可以感受甜味。

咸

酸

咸/甜　咸/甜

甜

柔软的接触

哺乳动物的毛皮一直备受人们的关注和喜爱，但它并不仅仅只是一层皮肤覆盖物，还是保护层，起着预防机械性损伤、避免病菌侵害、调节躯干的温度与湿度的作用。对许多物种（如北极狐）来说，冬夏交替时期毛皮颜色与质地的变化还可以起到伪装的作用。●

毛皮与拟态伪装

寒冷地区的哺乳动物（如北极熊）都披着一层雪白的毛皮，作为雪地生活的保护色。而其他一些动物（如北极狐或北美洲野兔）的毛皮颜色会随着季节的更替而变化，这是因为在冬天，它们的生活环境都是被冰雪覆盖的；而在夏天，换上棕色的毛皮会使它们的捕猎活动更容易。狮子浅褐色的毛皮能帮助它们更好地掩护自己，使其在追踪猎物时不易被发现。

冬季
北极狐有两种色型。"白色"型的北极狐在冬季的毛色几乎是纯白的，这样的保护色能使其在冰雪之中更容易隐藏。

夏季
在夏天，北极狐皮毛的厚度只有冬天的一半，而下层绒毛还不足冬天的一半。此时，"白色"型的北极狐的体毛会变为灰褐色或浅灰色，而那些"蓝色"型北极狐的体毛会变得更深或偏褐色。

紫外线

毛皮还可以防止过度的紫外线辐射。

皮肤

表皮
皮肤的最外层，由扁平的抗性细胞构成

真皮
这一层有血管、腺体和神经末梢，并且生长着皮脂腺。皮脂腺能在皮肤表面分泌一种叫作"皮脂"的油性物质。

脂肪组织
这是一层特殊的连接组织，主要由被称作"脂肪细胞"的结缔细胞构成，能将能量以三酰甘油的形式储藏于细胞之中。

汗腺
身体发热时，汗腺会分泌汗液，经由汗腺管送往皮肤表面。

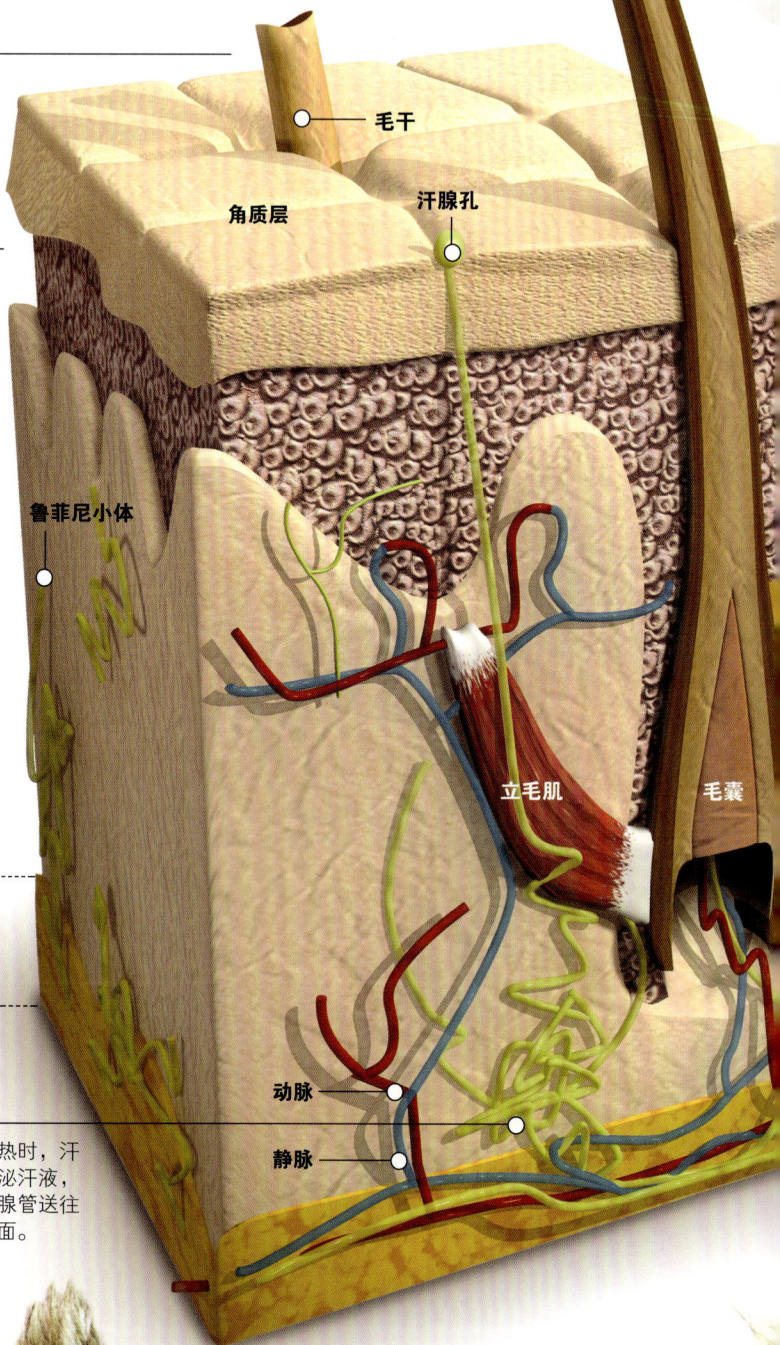

毛干

角质层

汗腺孔

鲁菲尼小体

立毛肌

毛囊

动脉

静脉

灰狼

野兔

毛丝鼠

猕猴

毛发结构

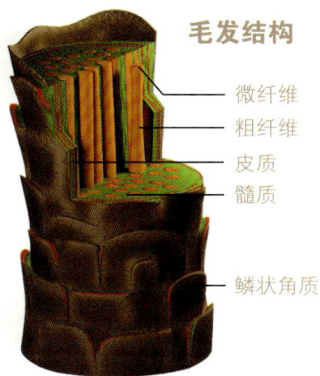

微纤维
粗纤维
皮质
髓质

鳞状角质

不同的毛发

大多数哺乳动物的毛皮都是由一种以上的毛发组成的，它们的颜色不同是因为毛发中被称作黑色素的一组蛋白质的含量不同。所有动物的毛皮都是多层的，第一层是针毛，用以提供保护；针毛下面是"下层绒毛"，它柔软舒适，由一直处于生长状态的短绒毛构成。

蝙蝠的毛发

每根毛发表面都由叠覆的鳞屑角质层构成。

北极熊的毛发

其毛发的每一根都中空并充满了空气，这增强了毛皮内层的保暖隔热能力。

羊毛纤维

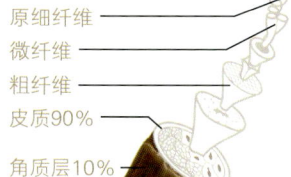

原细纤维
微纤维
粗纤维
皮质90%
角质层10%

羊毛放大视图

这是目前最为复杂的天然纺织纤维，它可以吸湿，但又不透水。

豪猪的刚毛

也叫针毛，生长在毛皮的外层。豪猪的针毛已经进化成具有防御性的刚毛。

30 000

这是豪猪全身披覆的刚毛的数量（每平方厘米23根）。

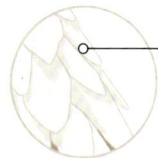

刚毛的尖锐鳞片

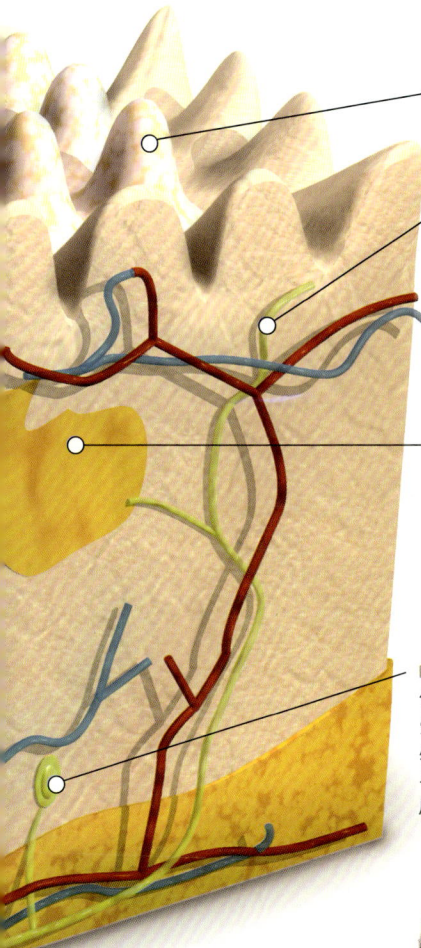

真皮乳突
连接表皮层与真皮层。

梅克尔触盘
位于皮肤表层之下，能对光和持续触压作出反应的感受体。

皮脂腺
能分泌一种蜡状物质（或称为皮脂），这种物质既可以使皮肤保持湿润，又可以防水。

帕西尼氏小体
位于真皮下的感受体。帕西尼氏感受体传导振动与压力，位于深层脂肪下。

为皮肤保温隔热

保温隔热是动物毛皮的一大功能，它不仅有助于保持体温，而且（对于骆驼来说）还可以避免体温过高。毛皮的颜色往往与周围环境融为一体，形成保护色。

外皮

下层绒毛

脂肪层

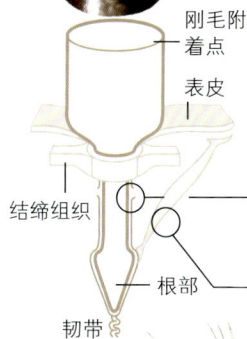

刚毛附着点
表皮

结缔组织

根部

韧带

竖立原理

1 刚毛触碰到不熟悉的表面时，就会对表皮施加微弱的下行压力。

2 覆盖着刚毛根部的精细组织破裂。

3 立毛肌接收到收缩信号后收缩。

长吻
浣熊

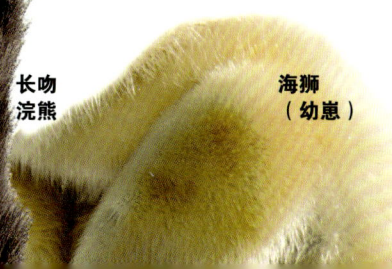

海狮
（幼崽）

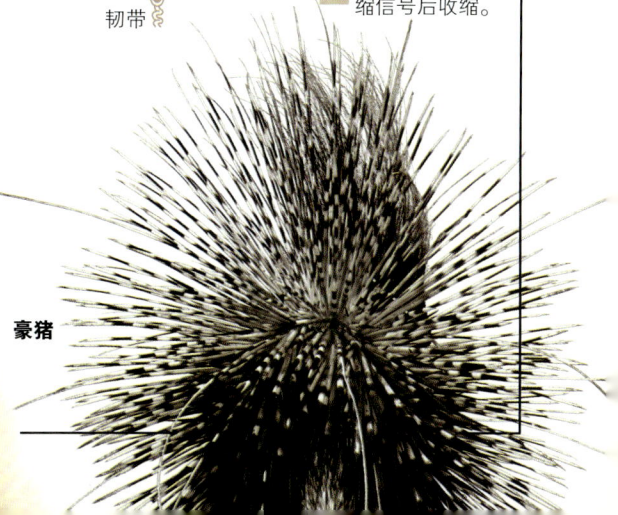

豪猪

行为和生命周期

哺乳动物的生殖方式属于体内受精的有性生殖，需要雌性与雄性个体进行交配，它们的另一大特征是后代依附于母体生存。不过单孔目哺乳动物是卵生动物，也就是说这类动物繁殖时是产卵而不是胎生。哺乳

动物的习性包括继承性行为和后天习得行为，后天习得行为有一部分是通过玩耍来获得的，因此新生个体会通过玩耍来锻炼腾跳、撕咬、捕猎等生存技能。翻过这一页，就可以看到更多相关的内容。●

生命周期

出生、成熟、繁殖、死亡，这一生命周期在哺乳动物身上呈现出某种特性。一般来说，哺乳动物体型越大，寿命就会越长，但母体每次繁殖后代的数量也会越少。包括人类在内的大多数哺乳动物都属于胎生动物，也就是说，这些动物的重要生命机能在母体中就已得到了充分的发育。●

90岁

这是鲸的平均寿命，堪称哺乳动物之最。

胎生哺乳动物

这是哺乳动物中数量最多的一类，尽管妊娠期和哺乳期会给雌性带来很大的痛苦与折磨，使它们的繁育能力有所下降，但哺乳动物仍然是地球上繁殖量最大的一类动物。胎生哺乳动物通常都实行多配偶制，即某些最具竞争力的雄性个体与众多雌性个体交配，而其他雄性个体则没有机会。只有3%的哺乳动物会在一个繁殖季节内实行单配偶制。在这种情况下，雄兽会参与抚育后代的工作，正如它们在资源较少的时候所做的一样。但如果资源充足，养育幼崽的工作就全都落到了雌兽肩上，雄兽则会继续与其他异性交配。

它们可以利用天然的洞穴或自己在地下挖洞。

断奶期
35~40天

甚至在断奶之后，小兔子们仍会和妈妈呆在一起，以便得到妈妈的保护和从妈妈身上学会兔子特有的本领。

性成熟
5~7个月

兔子的营养越好，生殖官就成熟得越快，5~7个月后就已经是成年兔子了，此时体重约为900克。

它们有4~5对乳房。

哺乳期
25~30天

虽然幼兔出生20天后就可以消化固体食物了，不过它们还是要靠兔奶长大。兔宝宝们会在35~40天后离开洞穴，但以后仍会继续生活在它们出生的地方（恋巢性）。

妊娠期
28~33天

它们会在地下已经挖好的、覆盖着软草与毛皮的群居洞穴（兔穴）里度过妊娠期，但哺乳期一结束，雌兔就会离开洞穴。

一胎产仔数

一般来说，一胎产仔数与该物种的体型大小成反比。

奶牛		1个
山羊		2~3个
狗		5~7个
老鼠		6~12个

10厘米

出生

新生幼兔体重40~50克，它们出生后的第十天才能睁开眼睛。

幼兔出生时体表无毛，皮肤呈半透明状。

雌兔可以随时交配。

美东棉尾兔
（*Sylvilagus floridanus*）

寿命
4~10年

**一窝
3~9只幼崽，**
一年产崽5~7次。

有袋哺乳动物

有袋目哺乳动物的妊娠期极短，幼崽出生之后会在妈妈腹部半开放的育幼袋中继续生长发育。目前已知的300多种有袋哺乳动物大多喜爱独居，当然交配季节除外。一般来说，有袋哺乳动物的交配相对混杂，但也有一些，如沙袋鼠（小型袋鼠），一生倾向于只和同一异性交配。

哺乳期
22周

育幼袋内部的肌肉收缩，可以防止小考拉从袋内跌出。22周的时候，小考拉就可以睁开眼睛了。这时，考拉妈妈会在小考拉的食物中加入半流质食物，使小考拉逐渐适应食草生活。

妊娠期
35天

由于出生时小考拉的四肢和功能器官还没有发育完全，因此它们出生后，必须独立地从母体的泄殖腔爬到育幼袋中，在那儿继续生长发育。

幼小的考拉宝宝会紧紧地搂住妈妈的肩膀，妈妈走到哪儿，它们就跟到哪儿。

被驱离的后代
占支配地位的雄性考拉会将后代和其他年幼雄性考拉驱离。

占支配地位的雄性考拉会与所有雌性考拉交配。

一些雌性考拉会选择离开，寻找强壮的雄性考拉。

哺乳结束时，小考拉的毛已经覆满全身。

2厘米

1胞胎
每年生育一次。

离开育幼袋
1年

小考拉的身体已经强壮到可以照顾自己，而且可以完全食草了。这时，考拉妈妈可以再次受孕，不过小考拉仍然会跟在妈妈周围。

性成熟期
3~4年

到两岁左右，小考拉的器官就发育成熟了（雌性发育要比雄性更快），但是它们会等到一两年后才开始交配。

树袋熊
（考拉）
(*Phascolarctos cinereus*)

寿命

人类	70年
大象	70年
马	40年
长颈鹿	20年
猫	15年
狗	15年
仓鼠	3年

寿命
15~20年

妊娠期长短

动物	月
大象	23
长颈鹿	17
长臂猿	9
狮子	7
狗	2

卵大小对比

壳较软，有利于后代的出生。但与鸟类不同的是针鼹没有喙。

鸡蛋

针鼹蛋

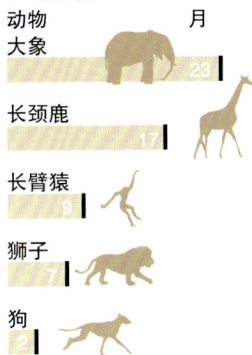

单孔目哺乳动物

此类雌性能产卵的哺乳动物一年中的大部分时间都会选择独处，只有到了交配季节，人们才能看到成双成对的鸭嘴兽。尽管鸭嘴兽之间也会有1~3个月的求爱期，但一般完成交配后，雄兽就同雌兽或者幼兽没有任何关系了。雌性短吻针鼹实行一雌多雄制，在不同的季节雌性会与不同的雄性交配。

孵化期
10天

针鼹蛋会在母体中孕育一个月，产出后为保持一定的温度，针鼹妈妈会把蛋放到育幼袋中孵化10天左右，直到小针鼹破壳而出。

新生针鼹

蛋壳

15毫米

一次产
1~3枚卵。

育幼袋中
2~3个月

破壳而出的小针鼹会呆在母体的育儿袋中接受哺育。

尚未发育的四肢

生活在地下洞穴或是岩石间的洞穴里。

已经形成尖刺状的毛皮

断奶期
4~6个月

3个月后，小针鼹就可以离开洞穴了，离开前有的针鼹会独自在洞穴里呆一天半，然后与针鼹妈妈道别分开。

寿命
50年

短吻针鼹
(*Tachyglossus aculeatus*)

美丽与高度

在 雄鹿的生命中，最重要的追求就是与雄性同类竞争，并找到与之交配的雌鹿。每种动物都有它独特的美妙之处。对于成年雄鹿来说，鹿角在它生活中扮演着重要的角色，尤其是在迎取"美人"归的过程中。拥有最美、最长、最锋利的鹿角的成年雄鹿将成为竞争角逐的赢家。因为只有这样，它们才有能力去护卫领土、追求雌鹿并进行繁殖。

赤鹿

赤鹿是身材苗条、体格健壮、举止高雅的动物，举手投足间透露着高雅的气质，不过这种动物性格羞怯，而且胆小。据考证，这个物种已经有40万年的历史了。赤鹿在黎明前后和傍晚时分十分活跃，雄鹿通常单独行动，而雌鹿与幼鹿则喜爱群居。

目	偶蹄目
科	鹿科
种	赤鹿
食物类型	食草
体重（雄性）	180千克

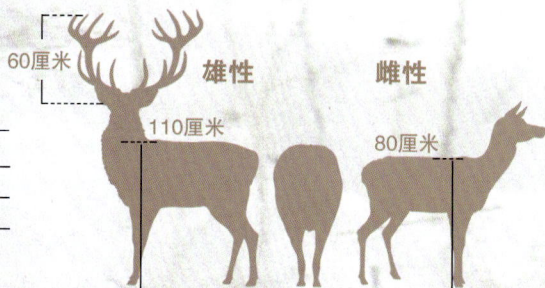

打斗

当两只成年雄鹿在争夺一群雌鹿时，它们会用鹿角来威吓对手，遇到天敌时也会用鹿角来抵抗。

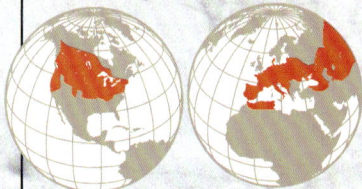

60厘米

雄性

雌性

110厘米

80厘米

①

长出

新的鹿角会在春天长出，它的表面覆盖着一层薄膜，称为鹿茸。鹿茸会随鹿角生长，直到鹿角发育完全。

②

发育

发情期开始前一段时间，成年雄鹿会把鹿角贴在树干或灌木上来回蹭，以磨掉鹿角上的鹿茸。

脱角期

鹿角每年都会脱落，6~10岁的成年鹿的鹿角是最美丽的。

③

突生

发情期即将开始时，成年雄鹿会到处炫耀自己磨掉鹿茸的鹿角，鹿角本身是骨质的，为了迎接交配季节而被磨得十分尖锐。当年长出的鹿角会比之前的更为粗壮。

④

脱落

发情期结束一段时间后，成年雄鹿的鹿角开始脱落，接着被下一年的新生鹿角所替代。

鹿角

鹿角叉　鹿角掌　鹿角尖

鹿角主干

鹿角冠

鹿角蒂

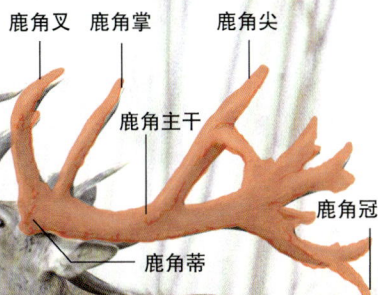

牛角与鹿角

牛角是颅骨的外延，有角质鞘状体被，雌雄牛科动物都长角，而且是永生性的。鹿角也是颅骨的外延，仅鹿科动物有，但只有雄鹿才会长，而且每年都会脱落换新。

鹿吼

春天，人们会听到洪亮而刺耳的鹿吼，这预示着鹿的发情期或交配期开始。雄鹿这么做，不仅仅是为了吓退竞争对手，而且还希望借此吸引单身雌鹿加入雄性鹿群。

卵生哺乳动物

哺乳动物产卵似乎是不可思议的事情，但奇异的单孔目动物就是以产卵的方式繁衍的。单孔目动物也是恒温动物，也有体毛，但没有乳头，不过它们可以用乳腺来喂养新生幼崽。由于身体某些部分更像非哺乳动物，鸭嘴兽仿佛是自然调和的产物。而另一类单孔目哺乳动物——针鼹，身体表面长满了体刺，新生幼崽在母体的育幼袋中生长发育。●

鸭嘴兽

➡ 鸭嘴兽集鼹鼠的皮肤、海狸的尾巴、青蛙的蹼足、鸭子的嘴形于一身，是澳大利亚东部和塔斯马尼亚岛特有的水陆两栖哺乳动物，它们会在岸边挖掘长长的地洞。

40~60厘米

科	鸭嘴兽科
物种	鸭嘴兽
食物类型	食草
体重	2.5千克

吻部
长有敏锐的电感受器，可以觉察到猎物肌肉形成的电场。

鸭嘴兽洞穴的长度可以达到

30米。

针鼹

➡ 生活在澳大利亚、新几内亚岛和塔斯马尼亚岛等地，它们有管状喙，但没有牙齿，舌头较长且富有伸缩性。针鼹是出了名的挖洞能手，并会在地下冬眠，它们的寿命可达50年。品种不同，其毛发也有所不同。

科	针鼹科
种	澳大利亚针鼹
成年体型	

30~90厘米

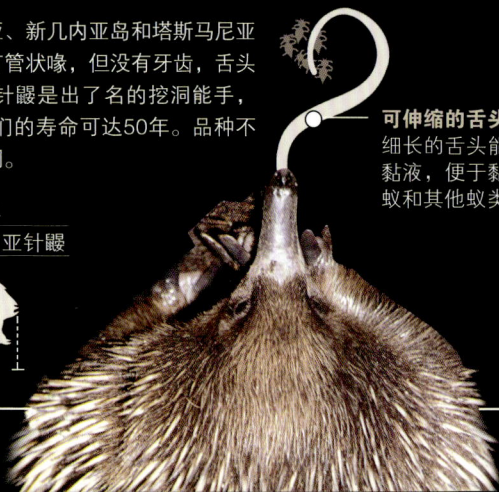

可伸缩的舌头
细长的舌头能分泌黏液，便于黏食白蚁和其他蚁类。

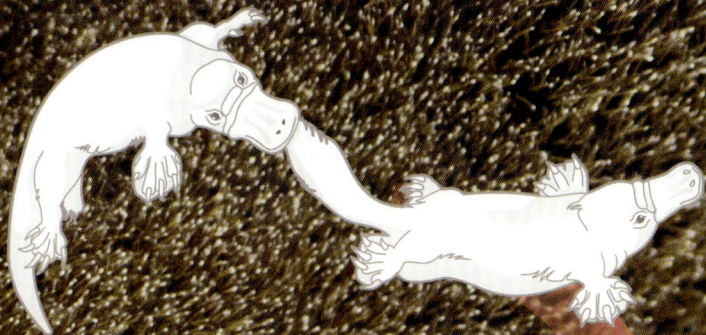

繁殖周期

鸭嘴兽每年有二个繁殖周期，它们大多数时候喜欢独居，只有在交配的季节才能看到成双成对的鸭嘴兽。它们在交配之前有一段求爱期，而在交尾时雌雄鸭嘴兽会将其泄殖腔并置。鸭嘴兽一次只产1~3枚卵，繁殖率比较低。雌兽产卵前会挖一条长长的地洞作为产房。但同为卵生哺乳动物的针鼹，则用育儿袋来孵化幼崽，和身体其他部位的毛发不同，育儿袋里的毛发十分柔软。

1

怀孕

为了繁殖，成年雌兽会挖一条深长的洞穴作为藏身之处，并在那里产卵。

2

孵化

鸭嘴兽的卵由软质外壳包裹着，需要两周才可以孵化。

3

出生

幼兽破壳而出后，母兽会挺直身体，以便于幼兽们寻找哺乳区。

5

断奶

16周后，幼兽就可以觅食蚁类或其他小昆虫了。

4

哺乳期

雌性鸭嘴兽没有乳头，但它腹部的乳孔中会有乳汁渗出，幼兽们靠舔食乳汁获取营养。

眼睛
在水下时保持紧闭状态。

体毛
从绒毛中长出来的尖利体刺。

吻尖
用于寻找并捕捉食物。

四肢
趾尖有爪，便于快速挖掘。

周期

A 针鼹卵仅有一颗葡萄大小，产出后需要在母体育儿袋中进行孵化，大约需要11天才能完成。

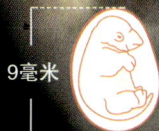

9毫米

B 刚出生的针鼹只有12毫米长，它的前爪牢牢地抓住针鼹妈妈的育儿袋，并在里面来回爬行寻找食物。

C 70天后，针鼹幼兽就离开育儿袋，母兽会将其安置在洞穴当中，继续喂养3个月。

高效的托儿所

雌性有袋目哺乳动物会将刚出生的幼崽放到育儿袋（即与腹部相连的袋状物）中。在2~5周的妊娠期后，有袋动物的幼崽就会降生。这时它们尚未发育完全，所以一出生就必须用前爪爬到育儿袋中，否则将无法生存。一进入育儿袋，幼崽就有了坚实的保护。在那里，它们通过吮吸母体的两对乳头获得乳汁，吸取身体发育所需的营养。等到它们发育完全，就可以离开育儿袋走到外面世界了。●

红袋鼠

袋鼠科由多个属组成，其中包括沙袋鼠和树居袋鼠。袋鼠是典型的有袋目哺乳动物，生活在澳大利亚、巴布亚新几内亚的靠近水域处（距水域最宽处只有15千米）。它们后肢粗壮有力，能够进行连续跳跃，速度可达24~32千米/小时。它们用后肢站立就可以保持平衡，踵骨（跟骨）较长，能起到杠杆的作用。

繁殖周期

首日 袋鼠出生			第237天 新的小袋鼠出生
2天后 发情与再次受精		第236日 后代开始独立	约239天 发情与再次受精

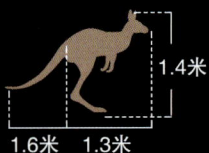

1.4米

1.6米　1.3米

科	袋鼠科
种	红袋鼠

拉丁学名：*Macropus rufus*

雌性袋鼠的大小仅为此一半。

乳头
可以随着后代的生长而变长，最长可达到10厘米，哺乳期过后会再收缩。

两个子宫
雌性有袋目哺乳动物有两个子宫。

雌性袋鼠可以在一只幼崽还呆在育儿袋中的时候，生产另一只幼崽。

1 铺平道路

在准备生产时，成年雌袋鼠会用舌头在泄殖腔和育儿袋之间舔出一条长约14厘米的印迹。小袋鼠可以循着这条"路径"爬到妈妈的育儿袋中。

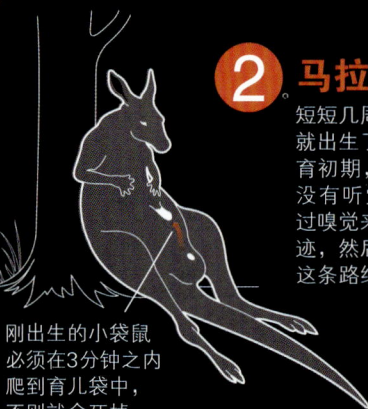

2 马拉松

短短几周的妊娠期过后，小袋鼠就出生了，这时的它们尚处于发育初期，体重不足5克。它们既没有听觉也没有视觉，只能通过嗅觉来分辨袋鼠妈妈唾液的痕迹，然后用前爪拖着身体，沿着这条路线向上爬。

刚出生的小袋鼠必须在3分钟之内爬到育儿袋中，否则就会死掉。

离开育儿袋
8个月大的时候，幼崽离开育儿袋，开始吃一点草，但直到18个月大的时候才完全停止吸奶。

3 哺乳

小袋鼠爬进育儿袋后的第一件事，就是用嘴牢牢地裹住妈妈的四个乳头之一开始吮吸。这时的小袋鼠呈粉红色，看上去十分脆弱。不过在接下来的4个月里，它们会一直呆在育儿袋里迅速地成长。

进入育儿袋

A

8个多月后，小袋鼠可以短时间离开育儿袋了，但仍会回到育儿袋中接受哺乳和保护。

B

不过，已经长大的小袋鼠此时只能将身体勉强纳入育儿袋了。它们会在前爪的支撑下先把头钻进去，然后再在育儿袋中转过身来。

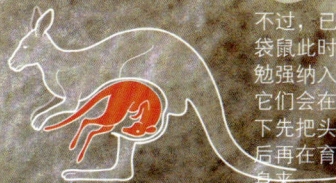

C

当吃草与吃奶可以交替进行时，小袋鼠就可以将头伸出育儿袋来吃草，而不需要离开育儿袋。

20毫米

这是刚爬进育儿袋时小袋鼠的身长。

神奇的胎盘

有胎盘哺乳动物是世界上最大的动物繁殖群体，它们的后代会在母体的子宫内发育。妊娠期间，胎儿所需的食物与氧气都来自于母体，经由一个被称为胎盘的器官传输，胎盘是以血液为媒介与母体进行物质交换的。幼崽出生时，体表常常没有被毛，既听不到也看不到，靠吸食母体分泌的乳汁来获取营养。母体乳腺会在分娩后受到刺激，开始分泌乳汁。●

老鼠的妊娠期

▶ 大约持续22~24天，胎盘呈盘状，覆有绒毛膜。卵巢对妊娠期的维系起着至关重要的作用，如果在妊娠期进行卵巢切除，胎盘将无法提供足够的黄体酮来维持妊娠，就会引发流产或胎儿再吸收。妊娠期的第十三天，子宫角开始显现。

1

1天~2天
第一天，老鼠胚胎还处于双细胞阶段，第二天就会分化成四个细胞，第三天，胚胎进入子宫。

2

4天~5天
此时的胚胎由四个细胞组成，并被一层薄薄的糖蛋白包裹着，开始在子宫内着床。

3

卵黄囊
着床后的胚泡，内含锥形滋养细胞和内细胞团。

6天~8天
胚泡完成着床，在子宫内安顿完毕。胎儿开始成形，胚泡成为卵黄囊。

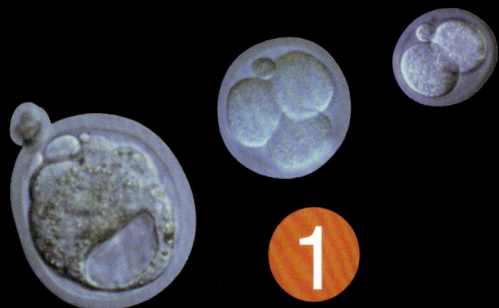

眼睛
开始发育，并可以观察到。

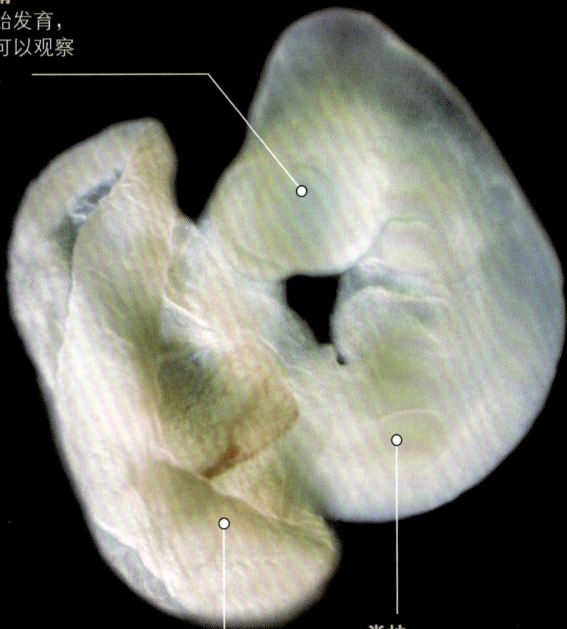

4

11.5天
胚胎附着在胚胎囊（包裹着胎儿的气球状组织）和胎盘上，大脑、眼睛、腿开始发育。

5

14.5天
此时，可以看见胎儿的眼睛和四肢，同时内部器官开始发育。由前软骨组织构成的上颌骨和外耳开始成形。

大脑
大脑开始成形，看上去是透明的。

器官
内部器官开始成形，并能观察到。

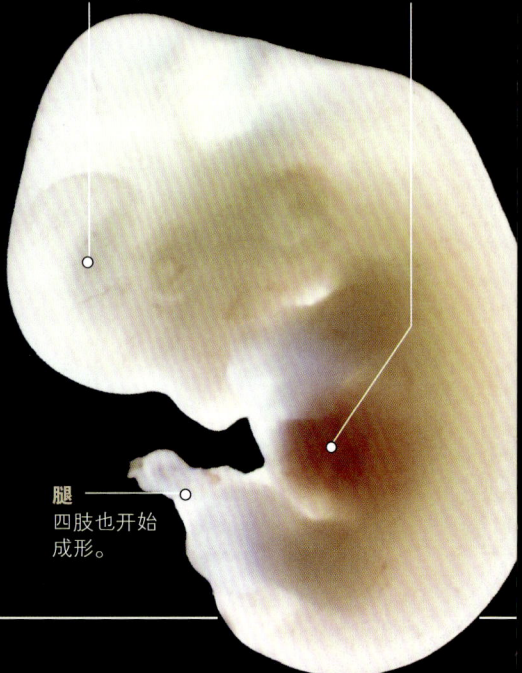

胎盘
胎儿与胎盘相连。

脊柱
颈椎和下腰椎开始发育。

腿
四肢也开始成形。

胎盘

无论是鲸，还是鼩鼱，所有的有胎盘哺乳动物具有一大共同特征，就是后代在母体内孕育，并在发育成熟后出生。为了实现这一点，这一类哺乳动物进化出一种叫作胎盘的特殊器官，这是一个环绕着胚胎的海绵组织，能以血液为媒介进行物质交换。母体可以通过这种方式将养分和氧气输送给胚胎，同时吸收胎儿新陈代谢产生的废物。幼崽出生后，母鼠会咬断脐带，帮助幼崽脱离胎盘，并且马上把胎盘吃掉。

脊椎
此时已经能够被分辨出，并且能够支撑幼鼠的身体。

子宫
子宫呈新月状且有两个子宫颈。

眼皮
生长得极快，到第18天时已经能够完全覆盖眼睛了。

脚趾
前爪脚趾已经可以分辨出来了。

器官
器官基本发育完全，可以走进外面的世界了。

6
17.5天
眼皮开始快速生长，只需要几个小时就可以完全遮住眼睛。上颚也完成了发育，脐带开始收缩。

7
19.5天
几天之后，母鼠会产下一窝幼鼠。刚出生时的幼鼠所有器官都已经发育完全，但没有任何生存能力。

10 毫米

16~20 毫米

生命之初

哺乳动物的后代是在母体子宫内完成发育的，与其他种类的动物相比，它们十分关爱自己的后代，这是因为后代在出生时还无法独立生活。母兽会帮幼兽"洗澡"，给它们喂食、保暖。狗类的发育有着不同的阶段：起始阶段是新生期，从幼崽睁开眼睛到能够听到声音为止；随后是社会化阶段，即出生后的第21~70天；最后为幼年期，从第70天开始。●

哺乳期

这在哺乳动物的繁殖过程中是至关重要的，因为在生命的最初阶段，大多数胎生哺乳动物的幼崽完全依赖于母乳喂养。

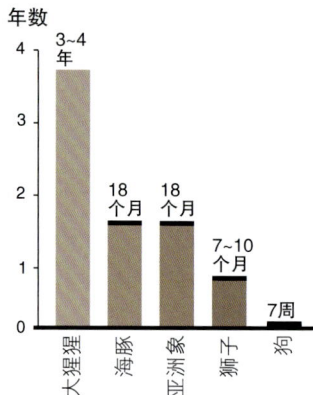

年数

- 3~4年
- 18个月
- 18个月
- 7~10个月
- 7周

大猩猩　海豚　亚洲象　狮子　狗

出生

和人类一样，狗出生后的发育非常缓慢，因为它们出生时尚未发育完全，无法独立生活。它们需要在一种营建的环境中受到父母与其他成员的照顾。

出生

第一只小狗会在宫缩开始后的1~2个小时内出生。

湿漉漉的体毛
体毛干了之后，小狗们开始摸索乳头吮吸初乳，初乳中含有免疫物质和其他物质。

膜状物
包裹幼崽的胎盘

一窝 3~8只幼崽

狗妈妈认得每一只新生的狗崽，因此如果狗崽被人拿走，狗妈妈是会发现的。

乳腺

刺激反射
第20天，小狗们开始能听到声音并对之做出反应。

在20天以内

幼崽完全依赖于狗妈妈的阶段是从幼崽出生时开始的，大约持续15～20天，直到它们能够睁开眼睛为止。在这之前，小狗会完全依赖狗妈妈，通过吮吸乳头来保持接触，如果不幸落了单，它们就会发出呜呜声。此时的幼崽还没有能力保持体温，而且需要妈妈的刺激才能够排便。

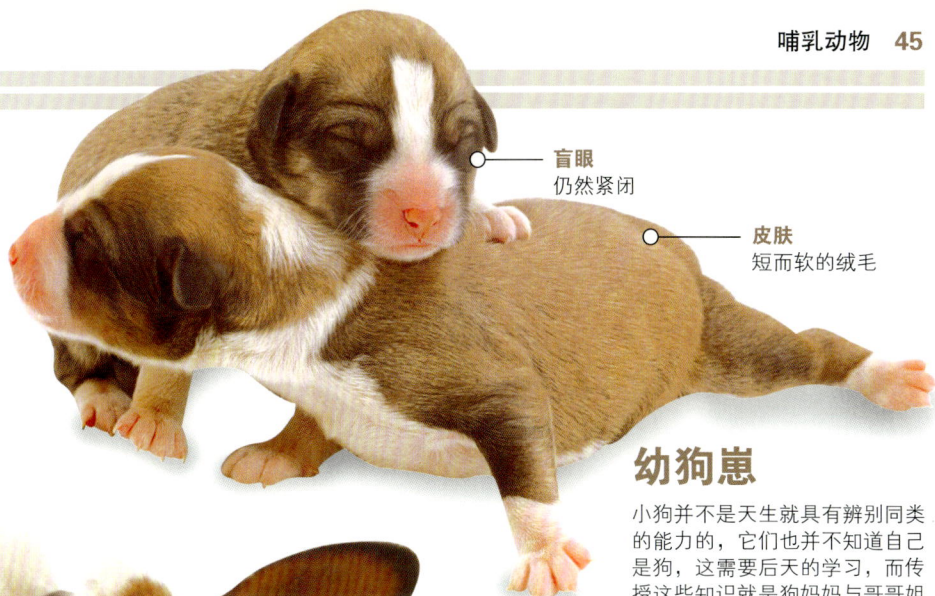

盲眼
仍然紧闭

皮肤
短而软的绒毛

幼狗崽

小狗并不是天生就具有辨别同类的能力的，它们也并不知道自己是狗，这需要后天的学习，而传授这些知识就是狗妈妈与哥哥姐姐们的任务。

狗妈妈的姿势
狗妈妈身体平躺，让小狗们更容易接受哺乳。

移动
由于小狗们十分柔弱，还不会走路，因此狗妈妈需要叼着它们颈部的皮肤把它们转移到窝里。小狗出生15天后，狗妈妈开始经历亲子关系建立阶段：它开始意识到这一窝小狗的存在，并把它们当成一个整体，任何一只走失，它都会发现。

眼睛
直到第2周或第3周才会睁开。

亲子关系
小狗与狗妈妈及其兄弟姐妹的关系，对它们的后期发育具有十分重要的意义。虽然它们的社会结构与社会关系很大程度上是与生俱来的，但仍然必须经过恰当的塑造、检验与实践。

丢失的小狗

狗窝

狗妈妈把小狗叼来叼去，但却不会伤到它们。

触觉反射
它们用口鼻向前推动，直到把自己藏起来为止。

站立
这个时候，狗妈妈就不再需要平躺着哺乳了，它可以自由地移动。

从第21天到第70天

自然断奶意味着要给小狗们提供预消化的食物，来代替母乳。这个时期，狗妈妈捕食返回后，嘴上会带有一种气味，小狗们受到这种气味的刺激，会不断地闻妈妈，对妈妈的嘴和鼻子又舔又蹭，还会轻轻地咬妈妈的爪子与脸颊，这些动作会刺激母狗反刍。此时的小狗已经长出了乳牙，可以消化反刍过的食物。

伸肌反射
第12天，小狗被抱起时会伸展后肢。

力量
小狗这个时候可以独立了。

专有特征

哺乳动物的专有特征，也是决定动物们是否属于哺乳动物的本质特征，在于它们是否长有分泌乳汁的腺体。所有雌性哺乳动物都会用乳汁来喂养刚出生的幼崽。哺乳动物种类不同，乳腺的数目与排列也不同。通常，雄性和雌性都有成对生长的乳头，但只有雌性动物才长有具备哺乳功能的乳腺，且只有在哺乳期才能分泌乳汁。●

奶牛如何产奶

1 第一冲动：吮吸之下，与哺乳相关的神经激素反射会产生神经冲动。

2 这种冲动会由腹股沟神经传导至脊髓，然后再由脊髓传导给大脑。

3 大脑会释放催产素，通过颈静脉的一支向心脏传导信号。

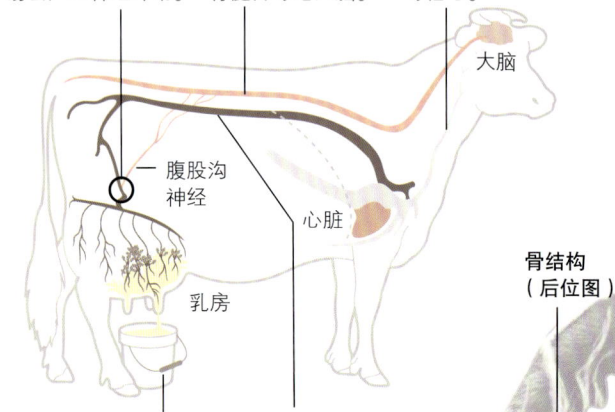

大脑

腹股沟神经

心脏

乳房

5 控制着腺泡的肌上皮细胞收缩，促使乳房分泌乳汁。

4 激素会通过动脉系统传送到整个身体，也会传送到乳房。

乳房

奶牛与母马有着组合构成乳房的乳腺。乳房从分娩后开始工作，断奶后停止工作。期间会受到脑垂体激素、甲状腺激素、胎盘激素和肾上腺皮质激素的共同调节。

牛类的乳房中可存储的牛奶量为

15升。

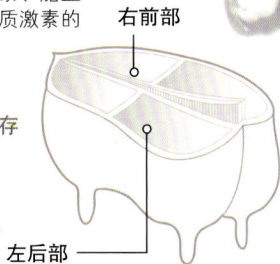

右前部

左后部

雌性哺乳动物的最大极限乳腺数目

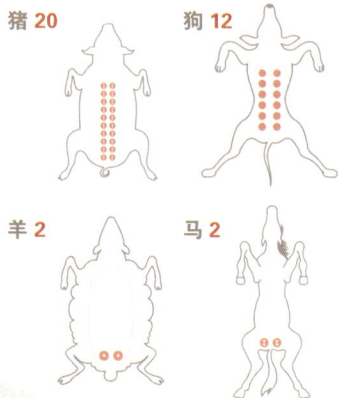

猪 20

狗 12

羊 2

马 2

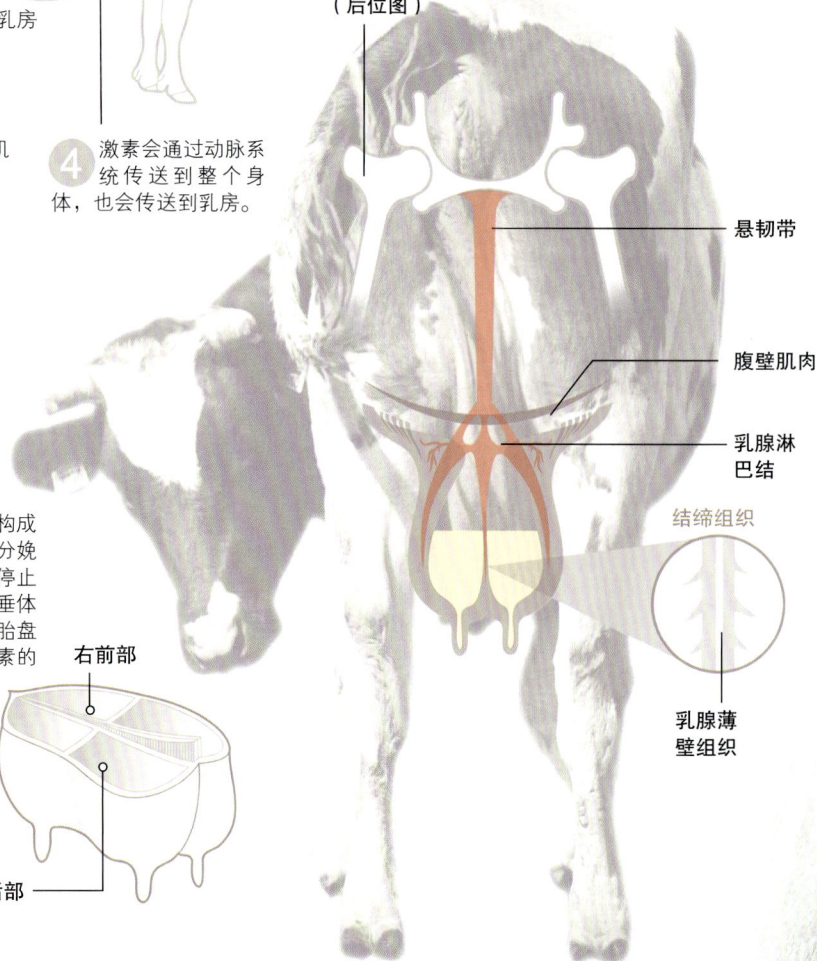

骨结构
（后位图）

悬韧带

腹壁肌肉

乳腺淋巴结

结缔组织

乳腺薄壁组织

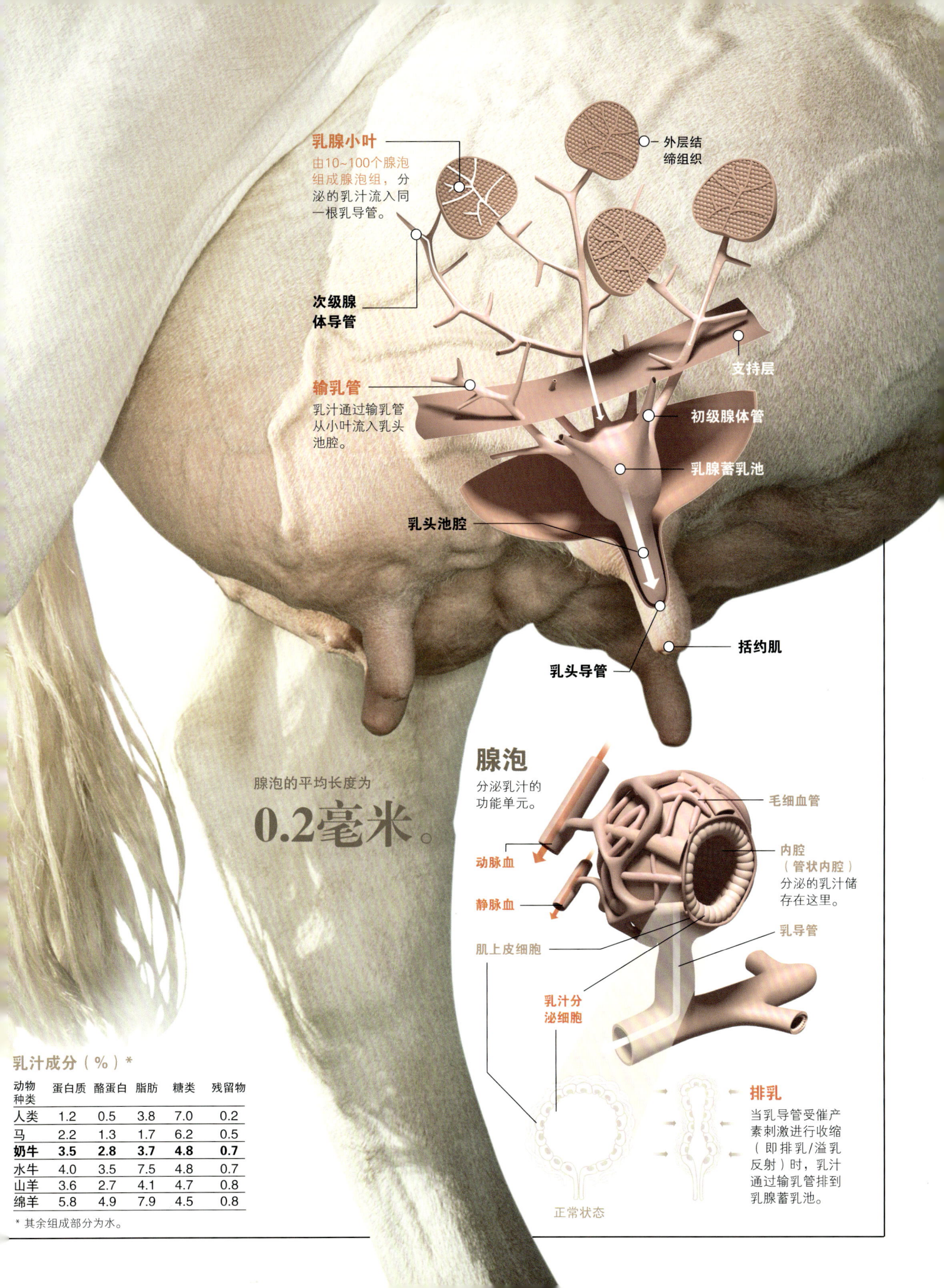

乳腺小叶
由10~100个腺泡组成腺泡组，分泌的乳汁流入同一根乳导管。

外层结缔组织

次级腺体导管

支持层

输乳管
乳汁通过输乳管从小叶流入乳头池腔。

初级腺体管

乳腺蓄乳池

乳头池腔

乳头导管

括约肌

腺泡的平均长度为
0.2毫米。

腺泡
分泌乳汁的功能单元。

毛细血管

动脉血

静脉血

内腔
（管状内腔）
分泌的乳汁储存在这里。

乳导管

肌上皮细胞

乳汁分泌细胞

排乳
当乳导管受催产素刺激进行收缩（即排乳/溢乳反射）时，乳汁通过输乳管排到乳腺蓄乳池。

正常状态

乳汁成分（%）*

动物种类	蛋白质	酪蛋白	脂肪	糖类	残留物
人类	1.2	0.5	3.8	7.0	0.2
马	2.2	1.3	1.7	6.2	0.5
奶牛	**3.5**	**2.8**	**3.7**	**4.8**	**0.7**
水牛	4.0	3.5	7.5	4.8	0.7
山羊	3.6	2.7	4.1	4.7	0.8
绵羊	5.8	4.9	7.9	4.5	0.8

* 其余组成部分为水。

发育与成长

对于幼年的哺乳动物来说，玩耍绝不仅仅是娱乐。虽然这项活动看上去没有什么特定目的，但却是它们在生命初期形成同类归属感、学习基本生存技能的一种途径。黑猩猩在游戏时会进行基本的本能活动，随着时间的推移与技巧的提高，这些活动会成为更熟练的本能活动，其中包括使用工具、保持在树上的平衡、形成沟通等。未成年的黑猩猩会模仿成年猩猩的声音、面部表情和姿势动作来表达自己的情感。嬉戏还可以增加肌肉强度，培养良好的运动协调能力。●

黑猩猩发出的叫声

超过15类，

其中包括呼叫，即2千米以外都能听得到的呼啸与咕噜声。每个猩猩的呼叫声都是与众不同的，这能帮助它们分辨群体中的各个成员。

这个表情表示恐惧。

这个表情表示屈服。

这个手势表示焦虑。

沟通

一些哺乳动物，特别是黑猩猩，会运用面部表情进行沟通。这种能力在一些未成年的灵长类动物身上尤其突出，它们可以运用表情表达恐惧、屈服、焦虑以及其他情绪。

游戏

人类所说的游戏活动看来仅限于哺乳动物之中，因为哺乳动物有着高度发达的感官、智力和学习能力。它们是通过游戏来学习的。

社会关系

游戏还会促使猩猩们产生同类认同感，这为学习以声音与肢体语言来交流奠定了基础，如用来表达屈服或支配地位等。

身份识别

每天只需要和同伴们在一起玩耍15分钟，就可以使社交孤立的负面影响得到缓解。

生存

玩耍也是学习野外生存的一种手段。游戏有助于培养食肉动物的捕食技巧，提高食草动物察觉和逃离危险的能力。

四肢

黑猩猩的最大特点是具有修长有力的前臂与对生拇指。它们的手指与脚趾都很壮实，能够轻松地上下攀缘。它们可以一边用脚抓牢树枝，一边用手采摘树上的果实。

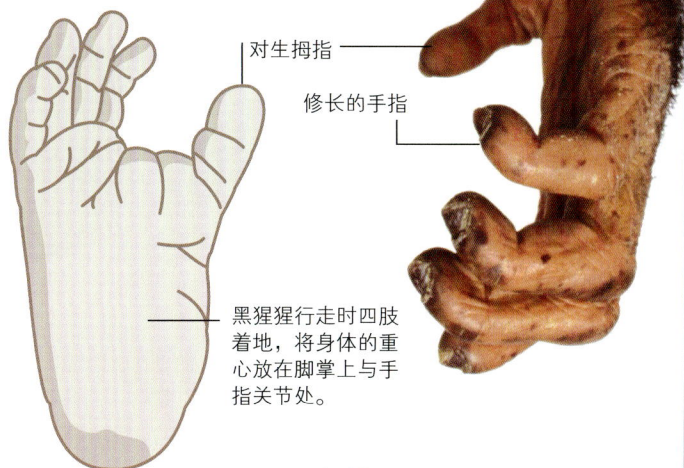

对生拇指

修长的手指

黑猩猩行走时四肢着地，将身体的重心放在脚掌上与手指关节处。

工具的使用

并不是所有的哺乳动物都能使用工具。然而，幼年黑猩猩通过观察成年猩猩，能学会把物品当作工具使用。它们可以用树枝捕食白蚁，拿树叶当勺子舀水喝。

语言

它们能够学会用手语来表达。

感知能力

黑猩猩的感知能力与人类相近，而且嗅觉分辨能力还要更强一些。由于它们的脑体积较大，因此非常聪明，能用手势与人沟通。

黑猩猩将树枝插入树桩洞中寻找白蚁，这时的木棍就是它们的工具。

悬挂在空中的一生

对于猩猩来说，挂在树上是一种极好的娱乐方式。这不仅能够提高它们的身体协调能力，还能增加臂部力量。

食肉动物

食肉动物以捕食其他动物为生，它们的牙齿很锋利，可以快速有效地撕开所捕食猎物的皮肉。狮子是社会性最强的猫科动物，有着十分敏锐的视觉与听觉。它们喜欢群居生活，捕食时也是集体行动。●

狮子

肌肉发达、体格强壮，是狮子的典型特点。雄狮每天需要吃掉7千克肉，而雌狮每天则要吃掉5千克肉。狮子的消化道很短，可以在很短的时间内从吃掉的肉类中吸取营养物质。

牙齿

上前臼齿

上犬齿

上门齿

裂臼齿
体积较大，牙冠是两片呈剪刀状、相互铰合的长叶片状物，可以完美地切割食物。

下臼齿

下犬齿

下门齿

捕猎

1 **卧倒埋伏**
母狮潜伏在草丛中，悄悄地接近猎物，其他母狮则藏在一旁等待机会。

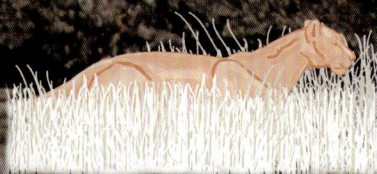

科	猫科
种	狮
体重	120~185 千克

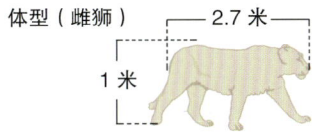

体型（雌狮）

2.7 米

1 米

视力
狮子的视力比人类的敏锐6倍，它们也有双眼视觉，这对定位猎物十分重要。

皮毛
毛短，周身棕黄，下巴处有一小撮黄白色的毛。

主要猎物

尽管有时狮子也会捕食一些小型哺乳动物、鸟类和爬行动物，不过大多数时候它们还是以大型哺乳动物为食。狮子不属于食腐动物，通常只吃自己捕杀或者从其他捕食者手中抢过来的鲜肉。

水牛　　斑马　　长颈鹿

角马　　瞪羚　　羚羊

尾巴
长约90厘米，有助于在奔跑中保持平衡，还能用来驱赶蚊蝇。

一只狮子一顿可以吃掉的肉的重量为

18千克。

② 加速
当距离斑马只有几米远的时候，母狮开始起跑，猛地冲向斑马，它这时的速度可超过50千米/小时，同时其他母狮从旁协助。

③ 跳跃
母狮纵身一跃，将身体的重量全都压在斑马的脖子上，要把斑马扳倒。如果这一跃成功了，这次捕猎也就大功告成。

④ 致命的一咬
猎物倒下了，母狮将锋利的牙齿刺入斑马的咽喉，直到确定斑马死亡，然后其他母狮围拢过来。

食草动物

奶牛、绵羊与鹿等反刍动物的胃都由四部分组成，工作时这四部分协同消化，方式十分独特。由于它们需要在短时间内吃掉大量的草（否则可能会成为捕食者的猎物），逐渐形成一种能够吞下食物、储藏食物、然后逆呕到嘴里再平静咀嚼的消化系统，这样的消化方式被称为反刍。●

图例

— 摄取与发酵 　　— 酸分解

— 反刍 　　　　　— 消化与吸收

— 养分的二次吸收 — 发酵与消化

牙齿

马和牛等食草动物有臼齿和门齿。臼齿表面宽大扁平，可以将食物嚼为浆状，也可以用来研磨，而门齿则用于咬断草茎。

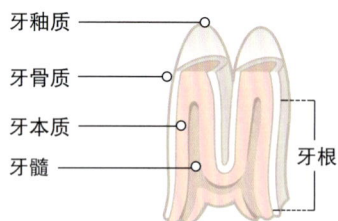

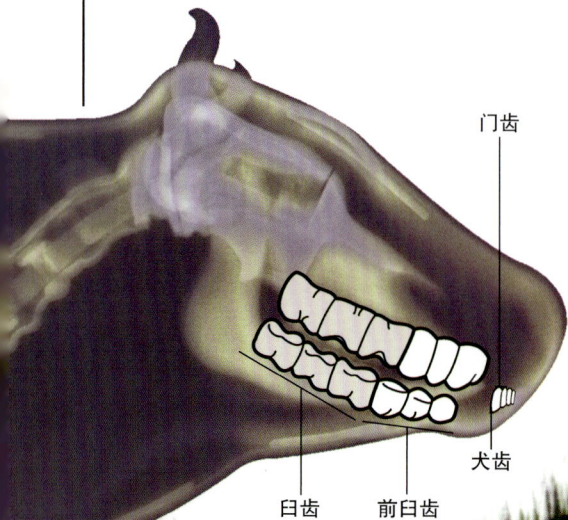

牙釉质

牙骨质

牙本质

牙髓

牙根

门齿

臼齿　　前臼齿　　犬齿

奶牛用舌头裹住食物

然后进行横向咀嚼。

网胃

①

奶牛对草稍加咀嚼后就咽下，接着食物进入到牛的前两个胃，即瘤胃和网胃。食物不断地从瘤胃进入网胃（几乎每分钟一次），网胃中大量的细菌开始分解发酵食物。

②

奶牛吃饱后，就会将瘤胃中的食物返回到嘴中进行第二次咀嚼，这就叫反刍。反刍会刺激唾液分泌，由于消化是一个非常缓慢的过程，奶牛可以利用反刍现象，在原生动物、细菌和真菌等厌氧微生物的参与下促进食物消化。

这个过程每日产生的唾液量为

150 升。

反刍过程

帮助反刍动物缩小摄入食物的颗粒，也是从植物细胞壁（又称纤维）中获取能量过程的一部分。

Ⓐ 食物回涌　　**Ⓑ** 再次咀嚼　　**Ⓒ** 唾液重合　　**Ⓓ** 二次摄入

3

只有极小的颗粒能够进入第三个胃（即重瓣胃），许多养分在这里得到吸收与循环。

重瓣胃内部

重瓣胃中的叶瓣

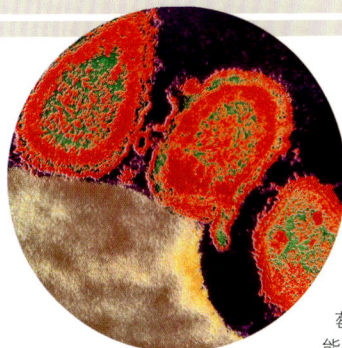

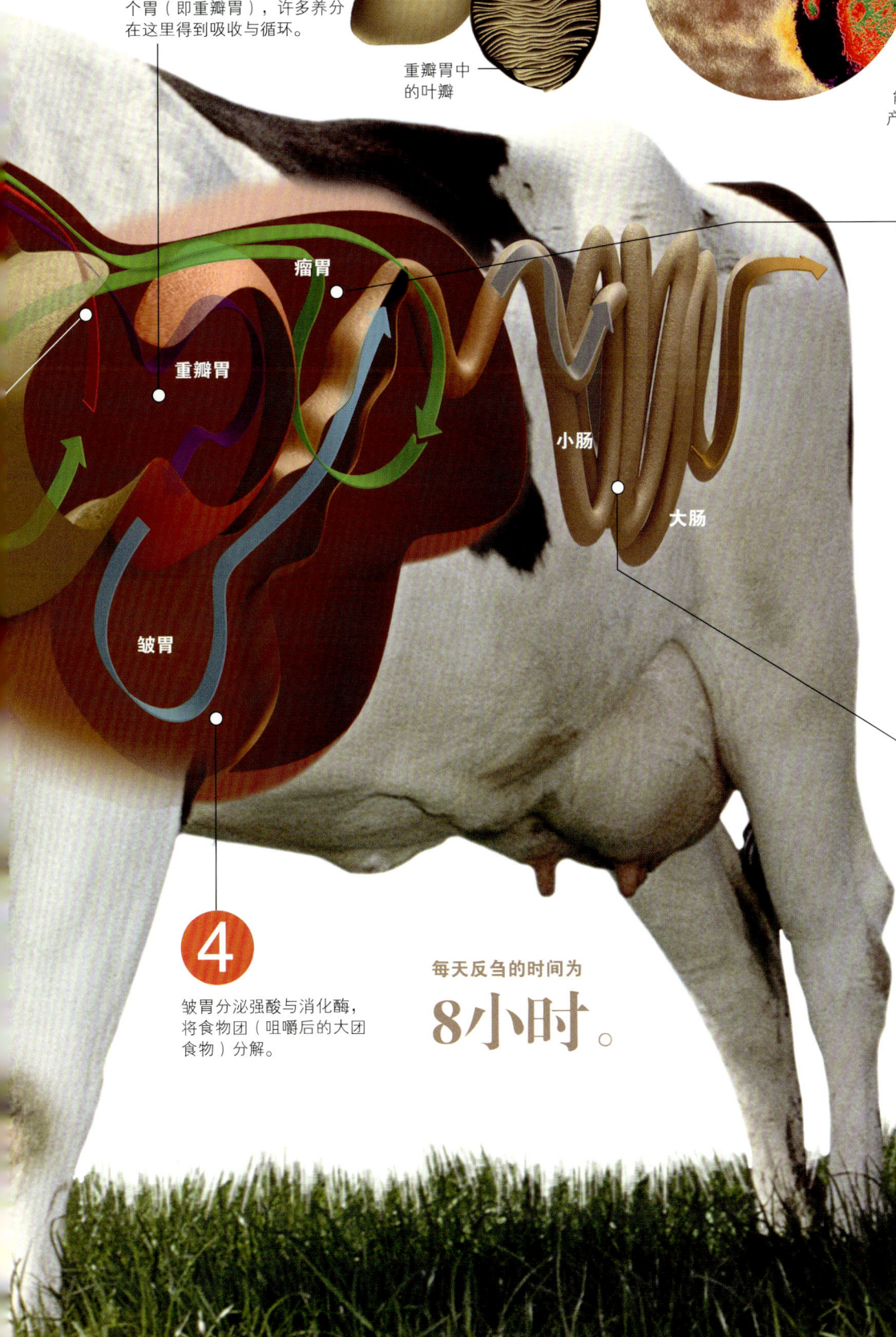

瘤胃细菌

瘤胃为微生物的生长与繁殖创造了十分适宜的环境。瘤胃中的缺氧环境有利于细菌的生长，这些细菌可以消化植物的细胞壁并产生单糖（葡萄糖），接着微生物令葡萄糖发酵，产生供其生长的能量，并生产出发酵的终端产物挥发性脂肪酸。

瘤胃

重瓣胃

皱胃

小肠

大肠

5

随着牛的生长，瘤胃中的微生物会产生氨基酸（形成蛋白质的基本单位）。细菌可以利用氨或尿素作为生产氨基酸的氮的来源，如果没有细菌的转化，氨或尿素对于奶牛是完全没有用处的。

摄入食物所产生能量的

30%

用于消化。

6

在消化与养分吸收的主要过程完成后，残余物会通过小肠和大肠，剩余的消化产物会在那里发酵，形成废物或排泄物。

4

皱胃分泌强酸与消化酶，将食物团（咀嚼后的大团食物）分解。

每天反刍的时间为

8小时。

食物链

保持生态平衡需要捕食者与被捕食者同时存在，捕食者物种将持续减少被捕食者物种的个体数量。如果捕食者缺失，那么与其对应的被捕食者可能会过量繁衍，直到生态系统因为无法为其提供足够的食物而崩溃。在许多情况下，因捕食者消失而引起生存环境失衡都是人为造成的，人类的猎捕能力远远超过其他任何现存物种。同许多其他动物种群一样，哺乳动物并不能单独构成食物链，而是一直都必须有其他植物与动物的参与。●

第四层级
大型食肉动物处于食物链的顶端，没有其他捕食者物种来调节它们的种群数量。

小斑獴
同许多捕食性很强的大型猫科动物与犬科动物一样，小斑獴也因为人类的活动面临着灭绝的危险。

生态系统的平衡
陆地生态系统食物链的平衡十分自然、高效，哺乳动物在其中扮演了多种角色。要保持这种平衡，就要杜绝食草动物多于植物性食物承载量，或者食肉动物多于食草动物承载量的情况。如果食草动物多于植物性食物承载量，那么在所有植被消耗殆尽后，食草动物的种群数量会急剧减少。如果食肉动物多于食草动物的承载量，也会出现类似的情况。

第三层级
小型食肉动物以小型食草动物、鸟类、鱼类或无脊椎动物为食。与此同时，它们必须提防其他大型食肉动物。

营养金字塔
在生态系统中，能量从一个层级转移到另一个层级，每一级都会出现少量的能量损失。某个层级所保存的能量可供下一层级加以利用。生物质是所有生物体的总量，这一概念既可用于营养金字塔的特定层级，也可用于同一物种所形成的种群或不同物种所形成的群落。

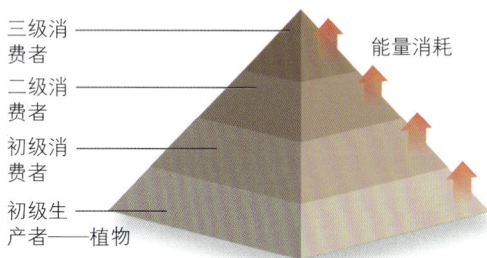

三级消费者
二级消费者
初级消费者
初级生产者——植物
能量消耗

越靠近金字塔的底部，

物种种群的数量
越多。

竞争
同一层级上的各类食草啮齿动物（如田鼠和草原犬鼠）为获取食物而产生竞争。

第二层级
初级消费者靠摄入自养有机体（绿色植物与藻类）来维持生命。其他哺乳动物则以捕食初级消费者为生。

第一层级
只有绿色植物与藻类可以进行光合作用，将无机物质转化为有机物质。它们构成了食物链的开端。

狼
会吃自己捕到的猎物，也会与食腐鸟类争食。

黑斑猫
喜欢捕食体型比它更大一些的动物，如鹿。

小型杂食动物
雪貂以鸟类和两栖动物为食，但也吃其他哺乳动物，如田鼠、老鼠、鼹鼠等。它们也吃水果。

不仅是哺乳动物
雪貂在控制啮齿动物数量方面起着重要的作用，不过它们也必须警惕食肉猛禽。

丛林之王
狮子属于大型食肉动物之一，它们体格强壮，基本没有或很少遇到竞争。如果狮群接近猎豹企图抢夺它猎捕的食物，猎豹会以最快速度逃离现场。但狮子单枪匹马出动的时候，就可能出现一群土狼与之抗衡、企图窃取它的劳动果实的情况。

具有很强的适应性
因为啮齿类动物食用的植物非常多样化，所以一般不会发生生存困难。

食物链可以延伸到第七层。

多样化的饮食
确实有些物种仅以另外的一个物种为食物来源，不过总体上看，食物链是有分支的。

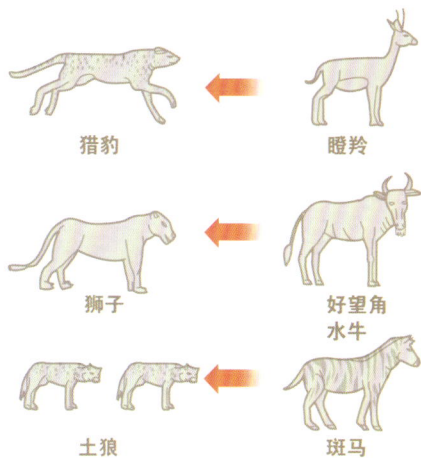

猎豹 ←	瞪羚
狮子 ←	好望角水牛
土狼 ←	斑马

食腐动物
它们以动物尸体为食。某些食肉动物也会在缺少食物的情况下成为食腐动物。

我为人人

猫鼬是生活在地下洞穴的小型哺乳动物，它们会在母兽照顾幼崽时设岗放哨。白天它们会爬到地面上觅食，晚上回到洞里御寒。猫鼬的大家庭由几十个成员组成，每个成员都各司其职。当遇到危险时，它们会采取各种策略进行自我保护，哨兵在遇到微小的危险时也会发出悠长而尖厉的叫声。●

猫鼬
拉丁名称：
Suricata suricatta

科	獴科
栖息地	非洲
1胎产仔数	2~7只

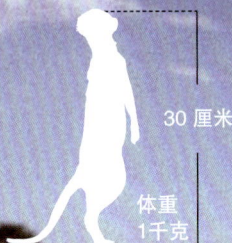

30 厘米

体重
1千克

一个猫鼬群中
成员的数量大约为

30只。

社会结构

▶ 复杂而清晰，每个成员都有自己的职责。哨兵（雌雄均可）会轮流站岗，在异类靠近时发出警报。吃饱喝足后的猫鼬会把需要进食的哨兵替换下来。猫鼬属于食肉动物，以小型哺乳动物、昆虫和蜘蛛为食。

雌性猫鼬
必须将所有精力都
倾注在繁殖与喂养
后代的过程中。

后代
站岗的猫鼬爸爸或猫鼬
妈妈发出危险警报时，
所有的小猫鼬都会迅速
躲入地下洞穴。

黑背胡狼
是猫鼬最大的天敌。在它们
出现之前就发觉其存在，对
猫鼬群来说是极其重要的。

猛雕
是猫鼬最危险的敌人，也是捕食它们数量最多的天敌。

哨兵

猫鼬哨兵发现捕食者后会发出警报，让全体成员就近钻入洞中躲藏起来。猫鼬群中的成员会轮流承担这一角色，发出一整套的警报音，每一种警报音都有其独特的含义。

猫鼬也用声音来沟通。

防卫

1

围攻敌人
它们会发出尖叫，身体前后晃动，使自己看上去更强大更凶猛。

2

躺倒在地
如果第一种威吓失败了，它们就会顺势躺倒，保护颈部，同时露出尖牙和利爪。

3

保护
当遇到来自空中的天敌时，它们会跑掉并藏起来。如果受到突袭，成年猫鼬会保护幼崽。

视觉
彩色双眼视觉有助于其察觉最大的天敌——食肉猛禽。

头部
会始终处于伸直的状态，观察着洞穴周围的所有动向。

站在高处，保持警惕
猫鼬哨兵通常会站在领地的最高处，如石头上或者树枝上。

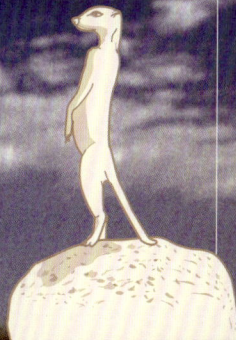

前爪
锋利，用于挖掘与自卫

雄性猫鼬
保卫领地，站岗放哨，其中占支配地位的雄性猫鼬才可以进行繁殖。

领地

猫鼬所保卫的区域可以为群体提供必要的生存来源。雄性猫鼬专注于保护家庭、护卫领地，当资源消耗殆尽时，猫鼬群会整体迁移到另一个地区。

洞穴
它们用利爪来挖掘洞穴，只有白天才会出洞活动。

后肢
放哨的时候，它们用后肢来支撑身体站立。

用尾巴构成三角架状
猫鼬在保持站立姿势时用尾巴来支持两腿，以保持身体平衡。

群体社会中的狼

社会单位与相互援助是哺乳动物生活中的常见现象，但少数独居或以小家庭为生活单位的物种除外。狼是社会性动物，个体同狼群保持着密切的关系，这也是狼群社会结构的基础。它们在群体中的行为会受到严格的规范，等级十分严明。●

语音交流
发挥着重要的作用，个体通过语音交流来确定狼群各成员的位置。

社会层级

狼群中有两套等级体系：一套是雄性等级，一套是雌性等级。头号（或占支配地位的）公狼或母狼占据着等级的顶端，在这一对头狼之下接着是亚优势层，这一等级中成员之间的等级差异极小或者不存在。在母狼的社会等级中，头号母狼与第二、三位的母狼之间，以及第二位的母狼与第三位的母狼之间，都存在着明显的支配与服从关系。

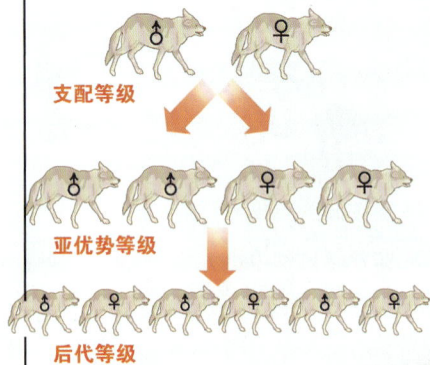

支配等级

亚优势等级

后代等级

支配等级

由处于支配地位的繁育狼配偶及其后代组成，但只有这对繁育狼配偶一直处于支配地位。两性间的支配与服从关系也十分固定，头号母狼对亚优势等级公狼具有明显的支配权。

占支配地位的一对狼配偶

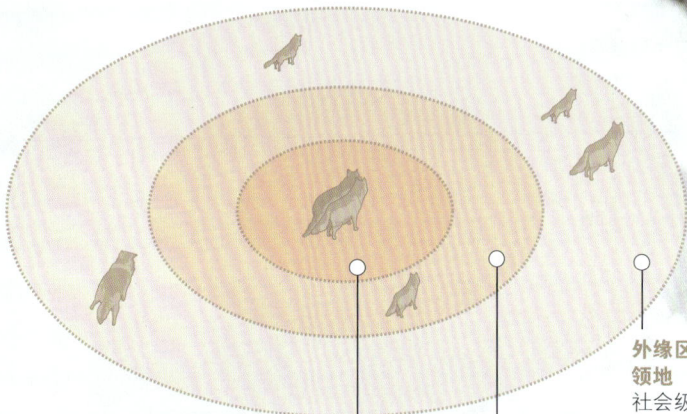

领地
整个领地区域可延伸300平方千米。等级最高的成年狼居住在中心区域。位于外缘区域的领地，由将成年的狼和等级较低的狼群成员居住。中心区域和外缘地区之间的地带被称为中间区域，也属于重要区域，狼群所有成员都可以生活在这里。

中心区域
级别最高的狼居住在这里。

中间区域
所有个体都可以居住在这里。

外缘区域或领地
社会级别较低的个体居住在这里。

地位的确认

狼群中的对抗与交遇是程序化的，它们借此来确定权力与社会等级地位。

级别较高的

级别较低的

① 相遇
社会级别较低的狼会摆出顺从的身姿接近头狼：双耳后垂，尾巴夹于后肢之间。

嬉戏
图中的狼看似在嬉戏，实际上是在进行权力与等级的博弈。

6~20只

这是一般的狼群规模，根据食物资源的可获取性来确定。

四肢高高抬起
这种姿势表示屈从与不侵犯。

家族

狼群一般由2~3对成年狼及其多代子孙组成。它们在追逐、捕杀比它们大几倍的猎物的过程中相互合作。尽管它们也会分享食物，但等级制度要求年轻的狼应当先让体型较大或较为年长的家庭成员优先进食。

② 检查
它会俯身迅速舔过头狼的口鼻，表示服从。

③ 确认
然后躺下撒尿，待头狼嗅过它的生殖部位来确认其级别。

多样性

与众不同的条纹
斑马的条纹一直向下延
伸，直到腹部。它们用
这些条纹来迷惑天敌。

哺乳动物的种类繁多。我们将在本章向你介绍一些最具代表性和差异性的动物。比如，你将会看到一些专业飞行家（如蝙蝠），还会看到一些睡眠专家（如榛睡鼠），它们在冬天会进入冬眠，以减少在食物稀缺时的能量损

耗。本章还会告诉你，某些哺乳动物（鲸与海豚）的躯体是如何适应水生生活的。另外，还会特别介绍一些具备极强适应能力的动物，如骆驼，它们在储存并充分利用水分方面，具有特别娴熟而巧妙的技巧，能够适应酷热干燥的沙漠气候。●

深度睡眠

" 像榛睡鼠一样一动不动"，这种说法你听到过多少次？其实，这样的比喻并非偶然，但你要知道榛睡鼠并没有死，它们只是在冬眠。寒冷的季节里，极低的温度与食物的缺乏使许多哺乳动物进入了昏睡状态。这种状态下，它们的体温下降，心跳与呼吸减慢，并失去了意识。●

榛睡鼠
拉丁学名：
Muscardinus avellanarius

栖息地	几乎遍布欧洲
习性	每年冬眠 4个月
妊娠期	22~28天

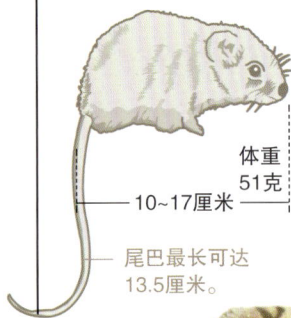

体重 51克

10~17厘米

尾巴最长可达 13.5厘米。

35℃
这是它们的正常体温。

2 球状
它们将这些材料围成一个球体，使其适合冬眠时自己的身体姿势。

1 原材料
榛睡鼠会搜集树枝、树叶、地衣、羽毛、皮毛来搭建小窝。

300克
这是榛睡鼠积累好充足的脂肪储备准备冬眠时的体重。

橡树叶
榛睡鼠非常喜欢橡树。

8个月
它们处于行动活跃、意识清醒的状态。

4月

栗子
栗子所含的热量较高，能增加榛睡鼠的能量储备。

坚果
尽管榛睡鼠也吃蜗牛和昆虫，但在开始冬眠前，它们会以坚果为食。

橡果
果实（栎属植物）是榛睡鼠最喜爱的食物。

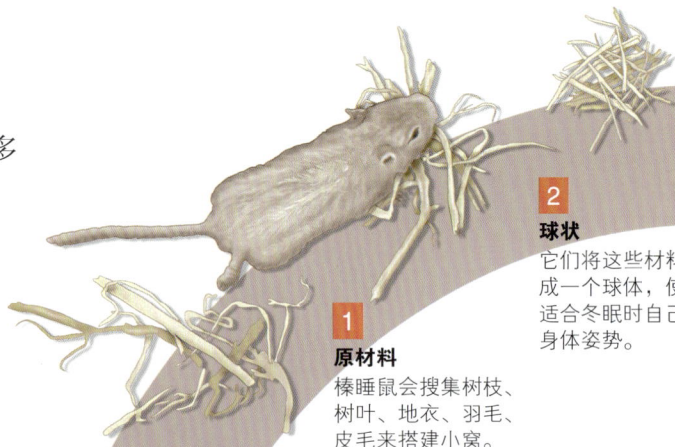

筑窝

榛睡鼠用树枝、地衣、树叶建造自己的小窝，当然它们也可以在树洞、石洞或老房子里建造冬眠之所，然后用皮毛、羽毛和树叶进行装饰。冬季，它们就钻进自己的小窝，蜷缩成一团进入冬眠。如果找不到天然的庇护所，它们可能还会无所顾忌地占据鸟巢。

3
中空球形
同灶鸟的巢一样，这个球体必须是中空的，才能容纳榛睡鼠。

4
小窝成品
前端有入口，中空的球体被打造成一个小窝。

在消耗掉所有储备后，体重的降幅高达

50%。

11月

冬眠

冬眠期间，榛睡鼠进入了深度睡眠——体温降到1℃，心率大大降低，两次呼吸之间的间隔可以长达50分钟。这几个月里，这些小精灵们慢慢地消耗它们的体能储备，体重下降幅度可以达到50%。其内分泌系统也基本处于休眠状态，甲状腺和睾丸的间隙组织都停止了工作。

1℃
这是榛睡鼠冬眠时的体温。

身体姿势

尾巴
盖住部分身体。

头部
藏在长长的尾巴下。

爪子
在这几个月里呈收缩状。

4个月
它们处于冬眠的状态。

12月

呼吸作用
两次呼吸间的间隔可长达50分钟。

能量
从秋天积累的皮下脂肪储备中获取。

心脏
心跳明显放缓。

3月

其他冬眠场所

鸟类的巢穴
如果榛睡鼠找不到适当的地方来搭窝，它们可能会占据鸟类的巢穴。

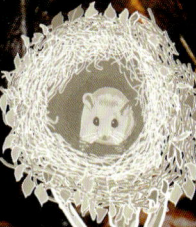

树洞
它们也可以把树洞当作冬眠的洞穴。

冬眠中的榛睡鼠的生物节律

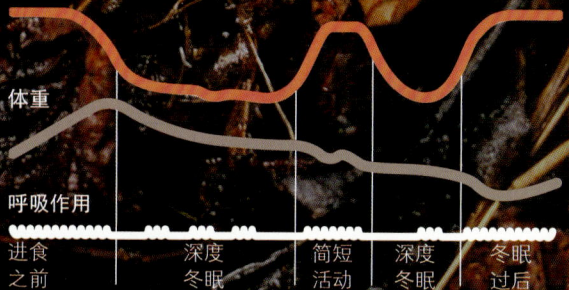

体温

体重

呼吸作用

进食之前　深度冬眠　简短活动　深度冬眠　冬眠过后

定量供水

骆驼进化出非常复杂的生理机能，以适应炎热气候中的生活。它们的肾脏可以极大程度地提取尿液，防止水分流失。当沙漠风暴恶化的时候，骆驼会蜷缩着跪在地上，闭上眼睛、关闭鼻腔来保护自己。当水和食物缺乏时，它们会消耗驼峰与内囊里储存的营养储备来度过困境。骆驼的血红细胞呈椭圆形，即使在血液因脱水而变得黏稠的条件下，也可以在身体里自由游动。●

单峰骆驼，又称阿拉伯单峰驼

拉丁名称：
Camelus dromedaries

传统栖息地	北非与中东
食物	食草
平均寿命	50年

体重：
600千克　3米

特征

体温
骆驼的皮毛能限制热量进入体内，还能最大限度地减少排汗，防止水分流失。

鼻子
其鼻内的黏液结构比人类的复杂100倍，可以保存空气中66%的水汽。

毛发
十分浓密。在高温天气下，防止皮肤灼伤；温度极低时，有助于维持体温。

肾脏

能够大大地浓缩尿液，避免不必要的水分损失。浓缩后的尿液会像糖浆一样黏稠，含盐率是海水的两倍。骆驼就是通过这种方式除去杂质，过滤血液，尽可能地减少水分流失。

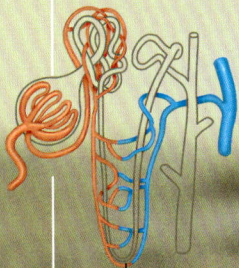

红细胞

正常的红细胞

溶胀的红细胞

240%
这是红细胞的可溶胀率，这大大增强了它们的水分输送能力。

细尿管袢
可以回收部分水。因为单峰驼的细尿管袢比其他所有哺乳动物的都长，所以它的体内水循环时间非常长。

肾脏
通过浓缩尿液来保持水分。

膝盖
有胼胝，因此在跪倒的时候不会被灼伤。

驼峰是储备箱

驼峰里储藏着食物充足时期积累的脂肪，是单峰驼在缺乏植物性食物时的能量储备。脂肪分解会产生氢，氢与吸入的氧气发生反应，会生成水。这种水被称为代谢水，量虽然少，却十分珍贵，它与细胞液、间质性淋巴、血浆共同支撑骆驼度过无水、无食物的漫长困境期。

130升
这是单峰驼10分钟内可喝光的水量。

抗饥渴能力

在50℃的气温下，单峰驼可在无水无食物的环境中生存8天。

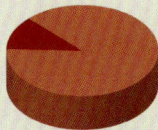

人体体重最多可以下降12%而不会死亡。

如果驼峰内的水分耗尽，就会垂挂在身体的一侧。

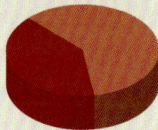

骆驼体重最多可以下降40%而不会死亡。

驼峰
储存脂肪并防止水分排出，使骆驼的水消耗量极少。

驼峰的重量可以达到
14千克。

消耗1千克脂肪＝1升代谢水。

屏息纪录保持者

抹香鲸是一种特殊的哺乳动物，具有许多令人惊奇的特质。它们的最大海底潜行深度可达3 000米，并可在无氧的水下呆两个小时。抹香鲸有如此奇特的本领，靠的是十分复杂而独特的生理机制，如降低心率、储存并利用肌肉中的空气、先行将氧气输送给心肺等重要器官。它们是体型最大的齿鲸，只有下颌上长着牙齿。●

抹香鲸
拉丁名称：
Physeter catodon

栖息地	深水
状态	濒危
性成熟年龄	18岁

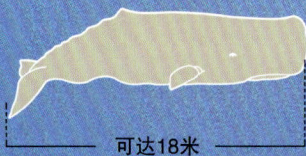

可达18米

体重
20~90吨

比较
相当于11头8吨重的大象体重的总和。

喷水孔

抹香鲸在水下的最长屏息时间可达

120分钟。

1 喷水孔
抹香鲸通过头顶部的喷水孔吸入氧气。

2 重新分配氧气输送
抹香鲸可以引导氧气离开消化系统，将其分配给心、肺等重要器官。

口
因为抹香鲸的鼻孔位置很特殊，所以它们可以一边游动，一边大张着嘴来猎取食物。鱿鱼和乌贼是它们的主要食物。

鲸蜡器官

抹香鲸的深海潜水能力一部分来自头部的鲸蜡器官，它里面贮藏着大量的油状蜡，密度会随着温度与压力的变化而变化，既能帮助抹香鲸浮出水面也能帮它们潜入海底。在光线极弱的情况下，鲸鱼的眼睛就派不上什么用场了，但鲸蜡器官和海豚的圆形隆起一样，能够发出超声波脉冲并接收回音。

肌肉

鲸蜡

鼻孔

牙
抹香鲸下颌骨上每一侧长着18~20颗锥状牙，每颗重达1千克。

下颌骨

成分
90%为鲸蜡油
是由酯类与三酰甘油组成的。

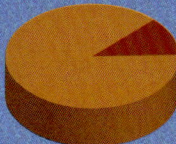

呼吸作用的感官适应

抹香鲸潜入深海后，身体会激活一整套生理机制，最大限度地发挥氧气储备的作用。在深海中，它们的胸肺压缩，使空气越过肺部输送到气管，减少对毒素氮的吸收。潜水结束时，它们会迅速地将血液中的氮疏导至肺部，以减少肌肉中的血循环。抹香鲸的肌肉中含有大量的肌红蛋白，这是一种可以储存氧气的蛋白质，能使鲸鱼在水下呆的时间更长。

喷水孔
在下潜时充满了水，能够冷却鲸蜡油使其密度加大。

心脏
潜水时心率减缓，以减少氧气的消耗量。

血液
含有丰富的血红蛋白，充足的血流将含氧量更高的血液输送给大脑与身体各部位。

浮在水面时
喷水孔保持张开的状态，可以让鲸鱼在潜水之前吸入尽可能多的氧气。

潜水时
强有力的肌肉将喷水孔紧紧关闭，防止水通过鼻孔渗进去。但水也仍可从此孔引入体内以冷却其鲸蜡。

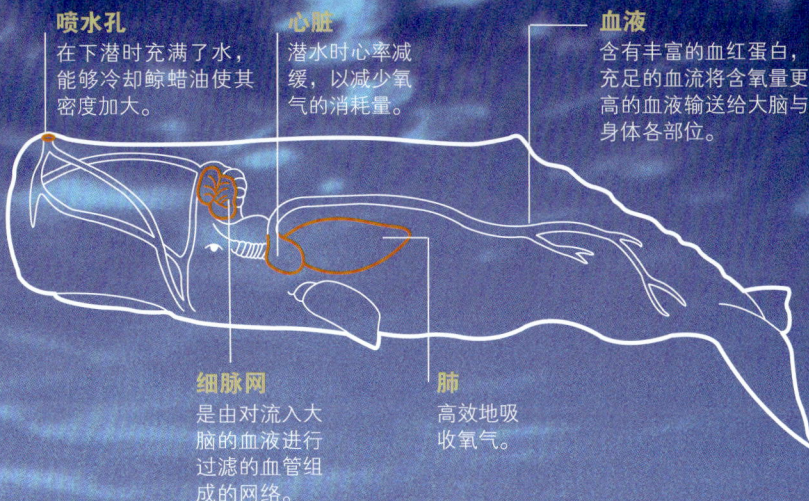

细脉网
是由对流入大脑的血液进行过滤的血管组成的网络。

肺
高效地吸收氧气。

尾部
巨大，呈水平状，是鲸鱼主要的推动力来源。

3 心搏徐缓
潜水过程中，心率会逐渐减慢（即所谓的"心搏徐缓"），以减少氧气消耗。

潜水

抹香鲸的最高潜水纪录是大约3 000米的深度，它们是真正的潜水冠军，它们在搜寻乌贼时的下潜速度能达到3米/秒。一般来说，鲸鱼的潜水过程会持续50分钟左右，不过它们可以在水下呆2个小时。深潜之前，它们会将整个尾鳍抬出水面。抹香鲸没有背鳍，但身体后部有一些三角状的隆起部分。

0米　浮在水面
通过头部顶端的喷水孔吸入氧气

1 000 米以下　90分钟
90%的氧气都储存在肌肉中，因此它们可以长时间地潜入水中。

0米　回到水面
将肺部所有废气呼出，这个过程叫做喷水。

利用氧气

抹香鲸潜水的深度与持久性要胜于其他哺乳动物，因为它们有许多妙招来节约耗氧量，如将氧气储存在肌肉中、在无氧条件下进行新陈代谢，以及在潜水期间将心跳放缓等。

15% 这是人一次呼吸可替换的空气量。

85% 这是鲸一次呼吸可替换的空气量。

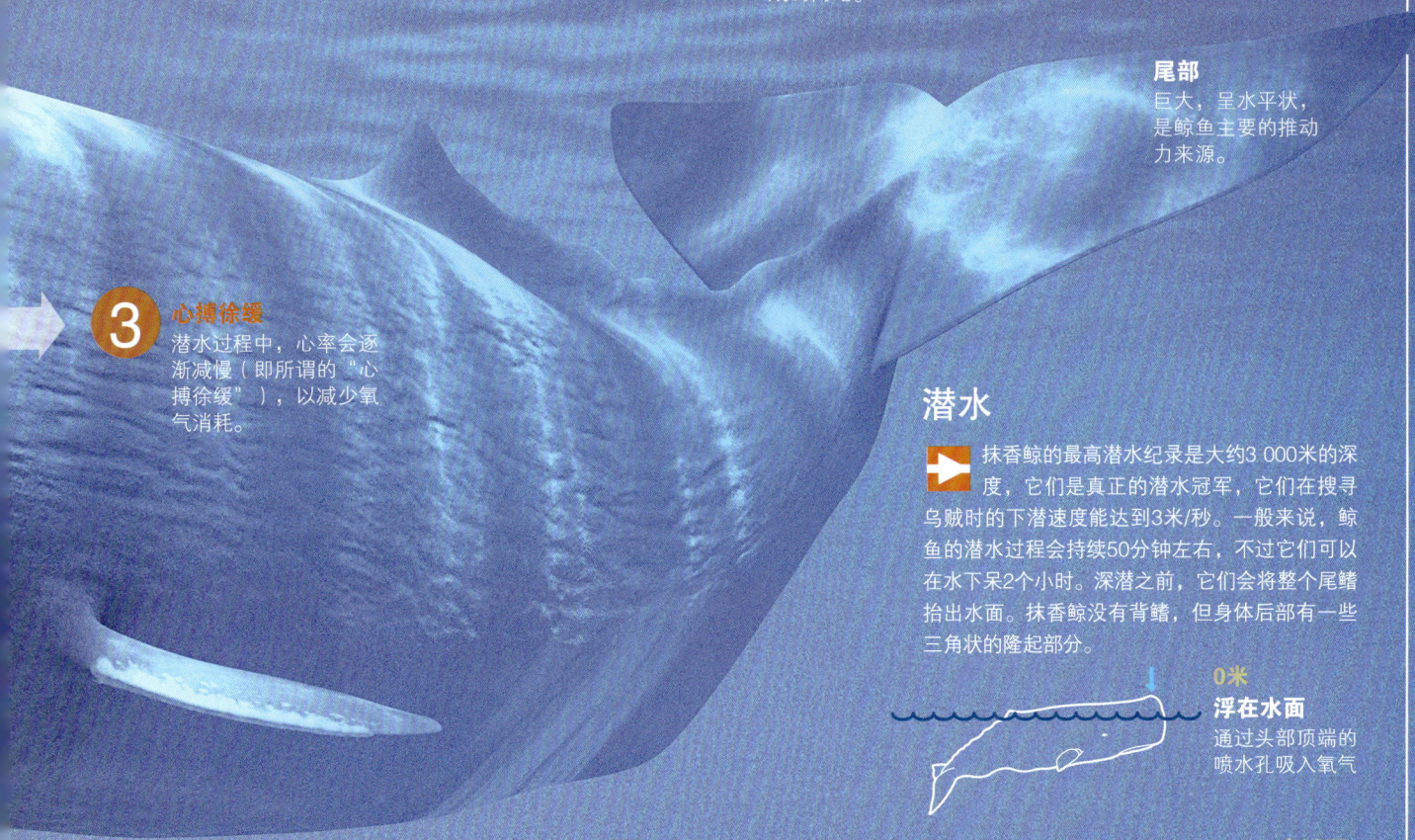

空中特技

猫 类拥有惊人的垂直落地能力，其奥秘在于，组成其背脊骨骼的骨头更要灵活。

比其他哺乳动物的更多，更为灵活。猫的反应能力使它们能够根据物理学的角动量守恒定律旋转身体。这个定律由艾萨克·牛顿最先提出，它指出，所有进行圆周运动的物体都会保持恒定的能量。因此，动物伸出的四肢离旋转轴越远，它们的身体就会旋转得越慢，并能在落地的过程中重新分配身体系统的总能量。如果动物在落地过程中缩起四肢，它们的身体就会转动得比较快。

名称	家猫
科	猫科
种	拉丁学名：*Felis catus*
成年体重	2~7千克
寿命	15年
外形尺寸	25厘米　30厘米　10厘米

1 开始反转
猫背对着地下落的时候，会沿着转动轴做180°旋转（分两个阶段），然后垂直落地。

重力

转动轴

2 第一次旋转
这次旋转中，猫将上半身沿身体转动轴做180°旋转，而下半身只做轻微旋转。

转动轴

上半身　下半身

大幅度旋转　轻微旋转

3 分别移动
同溜冰者通过伸展和收拢手臂来控制旋转速度的原理一样，猫也可以通过移动后肢来控制旋转速度，但是它的两个后肢是分别移动的。

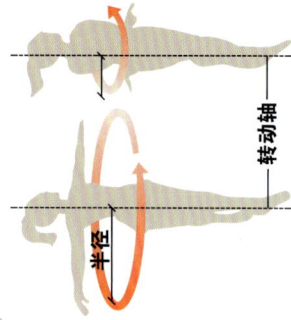

像溜冰者一样

转动轴　半径

为了降低旋转速度，伸开手臂扩大旋转半径。

为了提高旋转速度，收缩手臂减小旋转半径。

"加速装置"
猫把前腿蜷起来靠近自己的转动轴，就可以加快上半身的转动速度。上半身完成180°旋转。

"制动装置"
猫伸展后肢，使其垂直于转动轴，从而降低下半身的转动速度。

猫蜷缩后肢使其靠近转动轴。

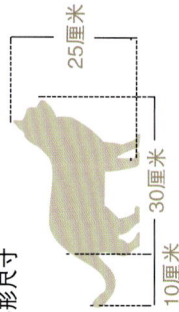

猫伸展前腿使其与转动轴形成适当角度。

着地技巧

猫从高处落下的距离越短，这虽然看上去有些矛盾，但事实就是这样。原因是当猫感觉到自己正在下落的时候，它会蜷缩起自己的身体并将四肢伸展开，这样它着地时候就可以缓冲下落产生的冲击力。如果猫从不到一层楼高的地方落下，那么它就没有足够的时间来摆好这样的姿势了。

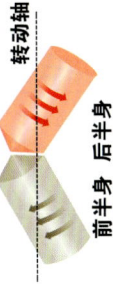

4 第二次旋转

猫放低后肢，完成了沿转动轴的完整旋转。此后，动轴还会再旋转两次，一次比一次幅度小。

转动轴

后半身 **大幅度旋转**

前半身 后半身 **轻微旋转**

上半身
伸展的前肢减慢了前半身的转动速度，身体旋转了180°。

下半身
蜷起的后肢加快了后半身的转动速度。

5 四肢置于身体下方

在落地过程中，猫的四肢位于身体的正下方，这样它就可以像降落伞一样弯曲脊柱，调整落地姿势了。

尾巴在下降过程中平衡整个身体的重量。

猫将后肢伸展到前腿的高度。

11%伸展率

极度灵活
猫没有锁骨，而且它的脊柱关节要比其他哺乳动物都灵活。猫类一跳的跨度可达它身长的5倍。

1/8秒
猫旋转身体只需1/8秒，然后在1/2秒后落地。

6 落地

它的前腿先着地，然后后肢再着地，最后才放松尾巴。

着地的时候，猫会略微弯曲脚掌，用来缓冲着地带来的冲击力。

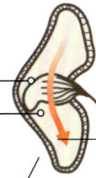

平衡能力

耳蜗 在内耳中有一个纤毛系统（感觉接收器）和一种黏性物质（内淋巴液），当这两种物质相互接触的时候就可以产生平衡感。

颞骨里面的内耳分为规管、前庭和三个半规管。

半规管的鼓泡横截面
内含纤毛的平衡感接收器。

在旋转过程中，内淋巴液向身体旋转的反方向推动纤毛。

迅速准确地摇头
在身体旋转过程中，内淋巴液可能会减入半规管中，为了让内淋巴液回到原位，猫会迅速地摇头。

内耳
耳蜗

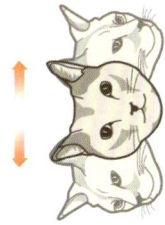

建筑天才

海狸（又称河狸）是一种水陆两栖的啮齿动物，它们没有砖块和水泥，却能建造出精巧的、极具建筑美感的巢穴。不过筑巢工作是以家庭为单位来完成的，在建造过程中，所有的家庭成员都要参与。它们一般会在森林环绕的河边或者湖边筑巢，而且只有水下入口。筑巢工程很艰巨，海狸的一生都在扩建、修补和改善自己的住所。●

美洲海狸
拉丁名称：
Castor canadensis

栖息地	美国和加拿大的温带森林
科	海狸科
食物	食草

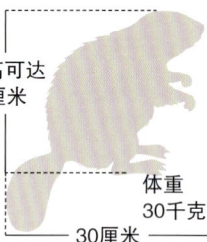

身高可达
70厘米

体重
30千克

30厘米

海狸对环境的影响

海狸对环境既有正面影响也有负面影响。它们为其他物种创造了湿地，某些情况下还可以防止水土流失。但是，它们建巢时搭起的水坝也会引发洪水，造成积水，从而对其他物种的栖息地造成破坏。

海狸的巢穴

海狸洞穴的结构独具特色，所处的地区不同，其样式也会有所不同。它们的巢穴是由木棍、树枝、草和苔藓编织而成的，通过水下通道进入到中心居住区。中心居住区可达2米多宽，1米多高，有2个入口，整体高于水平面。

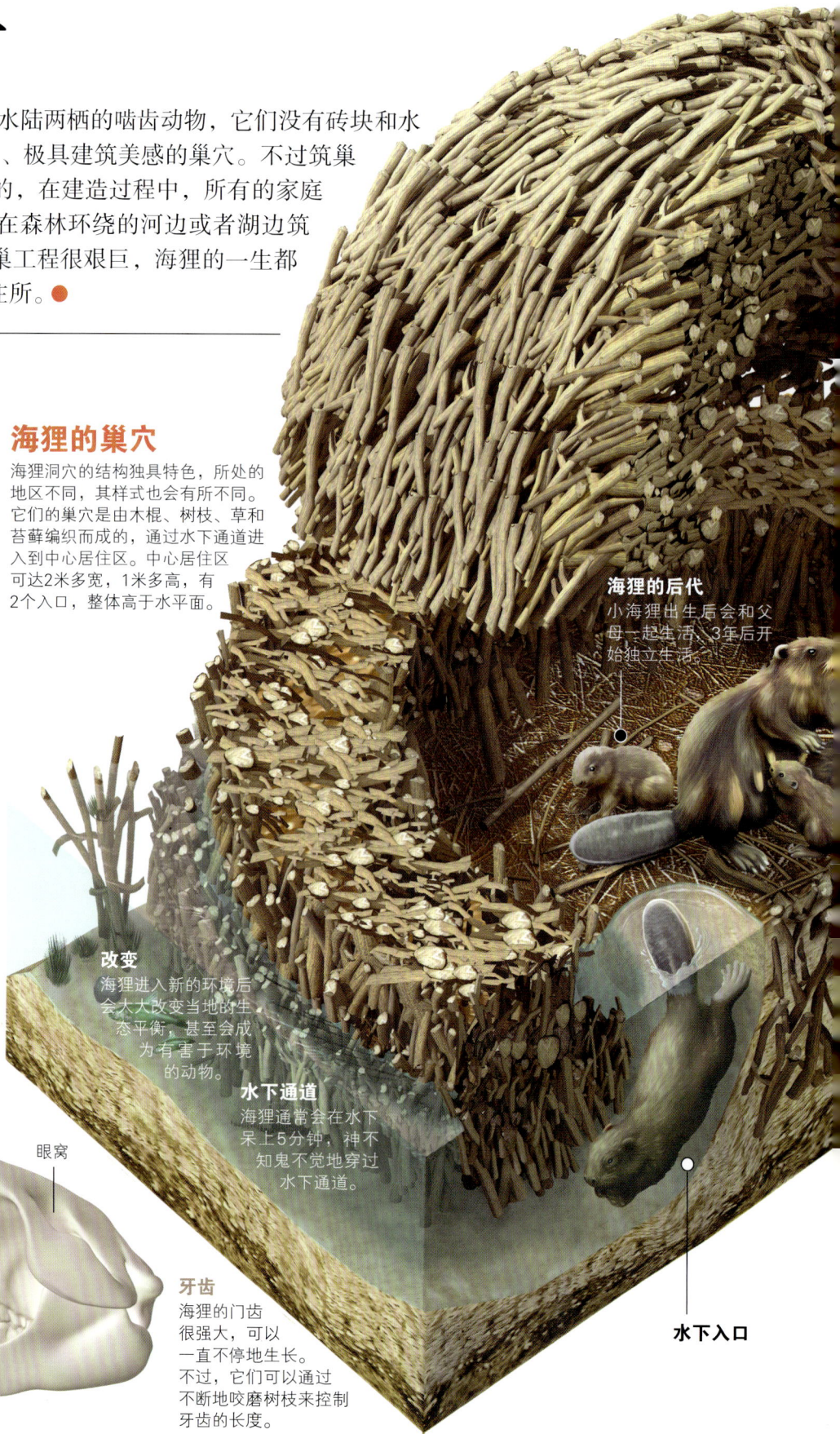

海狸的后代
小海狸出生后会和父母一起生活，3年后开始独立生活。

改变
海狸进入新的环境后会大大改变当地的生态平衡，甚至会成为有害于环境的动物。

水下通道
海狸通常会在水下呆上5分钟，神不知鬼不觉地穿过水下通道。

水下入口

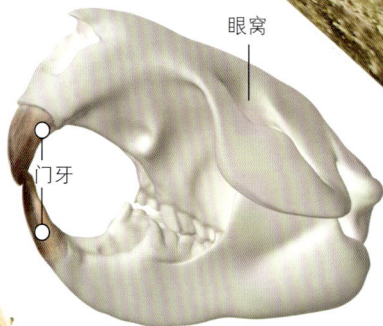

眼窝

门牙

牙齿
海狸的门齿很强大，可以一直不停地生长。不过，它们可以通过不断地咬磨树枝来控制牙齿的长度。

2倍

海狸的门齿（用于啃咬）的力量是人类的2倍。

水坝

海狸们会不断地修整水坝，添加材料。水坝截住水中漂浮物，再加上水坝上生长着的植物的根系，使得整个水坝的结构更加坚固。

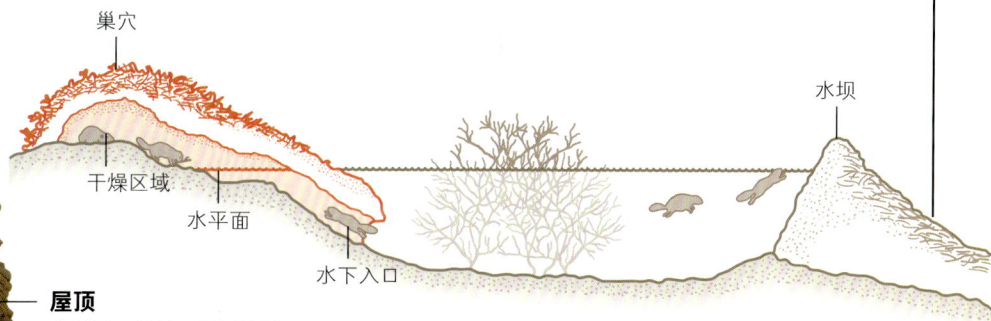

巢穴

干燥区域

水平面

水下入口

水坝

屋顶
由树干、树枝、石子和泥巴建成。这样就可以在小窝周围形成一个小湖。

水坝
是用木棍和树干建造的，它有两个用途：第一，升高水平面；第二，扩大巢穴附近的水淹面积。

干燥区域
用树皮、干草和小木片覆盖

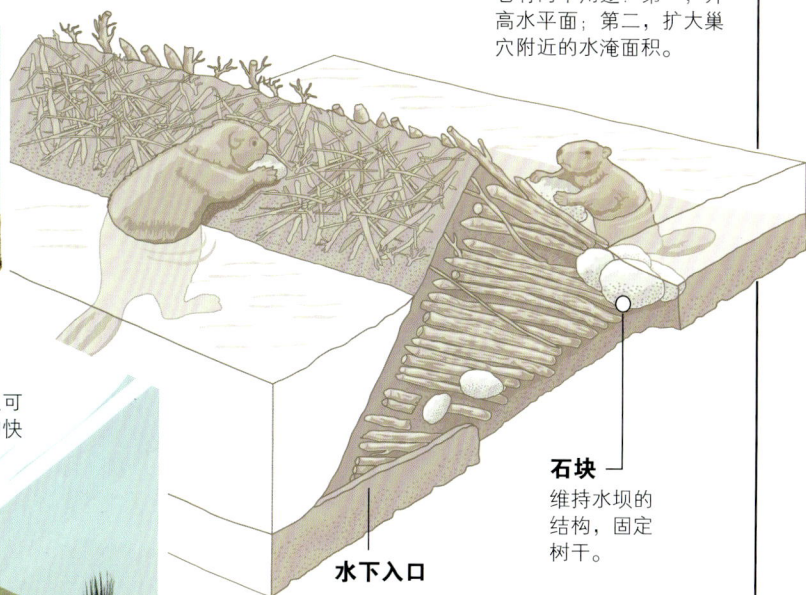

出口
海狸的蹼状足可以用来潜水和快速移动。

石块
维持水坝的结构，固定树干。

水下入口

技巧
海狸常常是集体协作来咬断一截树干，然后运走。其中一个海狸主攻啃树，其余海狸给它放哨，不到15分钟，树就被咬断放倒了。

海狸的下颌骨与牙齿非常有力，它们把自己的前爪当手用。

地基
冬天的时候，它们会在池塘里储存新鲜的树枝作为粮食储备。

15分钟

这是海狸受到威胁时可以在水下潜伏的时间。

树枝
建造巢穴时用得最多的材料，可以用来搭建天花板，并保持巢穴内的干燥。

夜间飞行

蝙 蝠是唯一一类能够飞行的哺乳动物，科学家把它们称作"翼手目"。蝙蝠的前肢各指细长并由薄膜（称作翼膜）相连，翼膜构成了翅膀的表面。这类哺乳动物的感官高度发达，甚至在黑暗中都可以准确而迅速地飞行、捕猎。●

飞行专家

翼手由胸肌及背肌驱动，起飞时向下向后扇动，产生前推力与上升力；然后将翅膀向两侧和上方伸展；最后向前移动，直到翅尖几乎要达到头部为止。许多蝙蝠无需扇动翅膀就可以在空中穿梭滑行。

声波探测器

许多时候，蝙蝠会在近乎全黑的暗夜里飞行。它们飞行时不需要借助光线，而是依靠身体内部的一种类似声呐或雷达的天然系统来导航。蝙蝠在飞行中会发出声学信号，而其自身的导航系统则可以利用这些信号，帮助它们定位前方的物体或者猎物，同时探测出物体的方向、大小和飞行速度。这就好像不需要任何光线就可以"看"清事物。

1 蝙蝠发出一种人耳听不到的声波，这是因为其声波频率极高（大约18千赫）。该声波信号会射向周围所有的物体。

2 信号反射回来时，蝙蝠能够感受到它的强弱与相位差。反射回来的信号越快越强，物体或者猎物就离得越近。

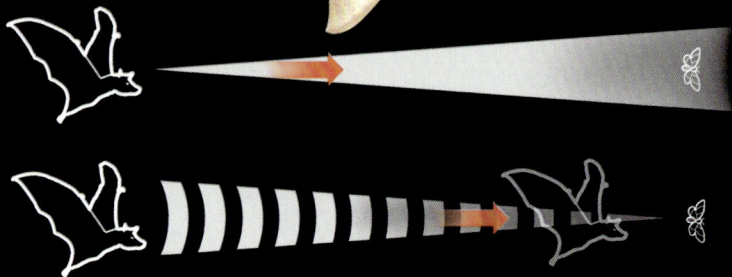

某些蝙蝠飞行时的速度可以达到

97千米/小时。

肱骨 桡骨 拇指

第二指

翼膜

第四指

第三指

冬眠

整个冬天这些蝙蝠都处于睡眠状态，它们会头朝下倒挂在山洞里或者其他阴暗处。活动状态下的蝙蝠是暖血动物，休眠状态下的蝙蝠则更接近冷血动物。它们能比其他哺乳动物更容易、更快速地进入冬眠状态，并可以在寒冷的条件下（甚至在冰箱里）存活数月，而不需要进食。

果蝠（富氏饰肩果蝠）
拉丁名称：
Epomops franqueti

栖息地	加纳和刚果的森林
科	狐蝠科
展翼长度	36厘米

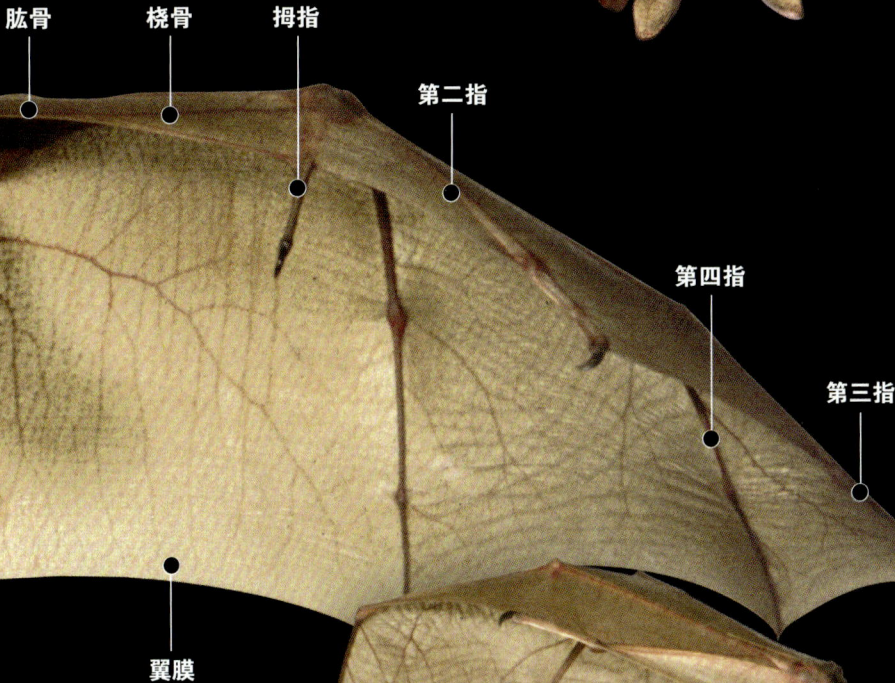

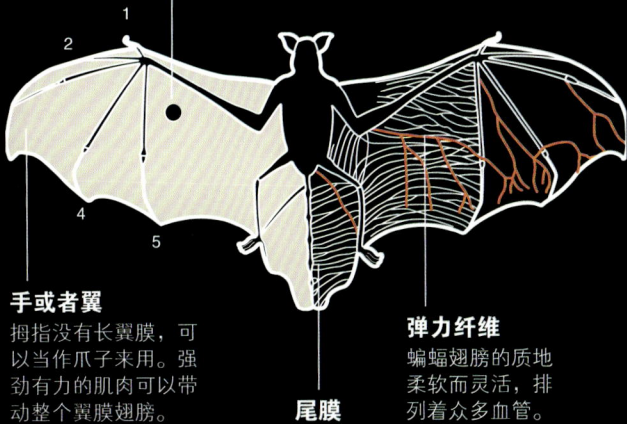

灵活的翅膀

翼膜是由指间的薄膜组成的，一些物种的翅膀则还伸展出另外的薄膜（尾膜），连接着后肢和尾部。蝙蝠的翅膀不仅可以用于飞行（像船桨划水一样划动空气），而且还有助于保持体温恒定及诱捕其食用的昆虫。

1
2
3
4
5

手或者翼
拇指没有长翼膜，可以当作爪子来用。强劲有力的肌肉可以带动整个翼膜翅膀。

尾膜

弹力纤维
蝙蝠翅膀的质地柔软而灵活，排列着众多血管。

玩捉迷藏

正如动物王国的其他物种一样，一些生存在荒野中的哺乳动物会利用自身的颜色和外表来伪装。有些哺乳动物模仿环境中的物体，有的则扮成其他动物的模样。以斑马为例，它们身上的条纹十分扎眼，但是当它们在其自然生存环境中跑动起来的时候，这些条纹就会起到很好的保护作用。动物有的会拟态，有的会变色，这些都是不需要任何相关行为就可以实现隐身的天然能力。然而在另一些情况下，如果不同时采取一些模仿性行为，单纯依靠外表和颜色伪装将没有任何作用。

进化适应

拟态就是一些生物模拟环境中其他生物或非生物外表的能力。防御性拟态指的是生物在没有其他办法来保护自己的情况下采用的伪装；而进攻性拟态则使一些生物可以采用伪装来惊吓猎物，进而对其展开攻击。例如，野生猫科动物（美洲狮、豹猫、猞猁）就会利用自身毛皮的颜色和条纹隐藏在生存环境中。斑马成群而行，也是自我保护的一种形式，它们毛皮的混杂色使捕食者很难靠速度和敏锐的感官来逐个分辨。斑马一般会以群体踢咬的方式来抵御猫科捕食者，而猫科捕食者们也会利用伪装一对一地将其逐个击破。许多动物还会利用周遭环境要素或其他生物体来伪装自己。比如树懒，在所有哺乳动物中，它们的行动速度是最慢的，只好用绿藻盖住身体，避免被天敌发现。

条纹
体表的颜色会随着阳光入射角度和光线强度的变化而变化。

斑点
能够使长颈鹿将长长的脖子隐藏在高处的树叶中。

图案
条纹间的不规则图形使老虎能够潜伏在灌木丛中等待猎物出现。

不同的图案

斑马的毛皮并没有完全复制其所处环境物体的形状和颜色。然而，斑马身上的图案，辅以某些行为与动作，就可以使它们在自然栖息地的多种环境下掩护自己。对于北极动物来说，它们生活在一望无际的冰天雪地里，周围白茫茫的冬季环境决定了它们的伪装方式。

动作与伪装

老虎体表的条纹有助于隐藏其身体轮廓，特别是它们在平原的灌木和草丛中移动捕猎时；而麋鹿只有在一动不动的时候，它们的鹿角可以隐藏在与其相似的植物中。

混隐色

如果动物体表的某些斑点比其他部分的颜色更深或更浅，它们的轮廓就会变得模糊。

与藏身之处融为一体

金花鼠（美东花鼠属）生活在针叶林或落叶林中，以坚果、昆虫、蛋类、种子和其他植物为食。尽管它们在高层树枝间活动的技巧十分娴熟，但由于身形小，四肢短，在地面上活动的时候非常容易受到攻击，因此它们的皮毛颜色就显得非常重要。

保护性环境
很多动物的皮毛可以根据周围环境而变色。

毛皮
毛皮的明暗度与色差同树干和枯叶相似。

水中的语言

鲸类动物之间的交流方式是动物王国里最复杂的交流方式之一。以海豚为例，它们会用各种各样的方式来传达重要的信息：当它们遇到困难的时候会叩击下颌骨，害怕和激动时会反复发出口哨声，求偶、交配时会互相抚触和亲吻。它们还会发出一些明显的视觉信号（比如跳跃）表示食物就在附近。它们采用多种多样的方式来传送重要的信息。●

嬉戏
和其他哺乳动物一样，嬉戏对海豚社会层级的形成起着极为重要的作用。

俗称	宽吻海豚
科	海豚科
种	拉丁学名：*Tursiops truncatus*
成年体重	150~650千克
寿命	30~40年

（体长）2~4米
海豚游泳的速度可达35千米/小时

圆形隆起
位于海豚头部的一个器官，里面充满了低密度的脂类，这些脂类可以集中并引导发出的脉冲，将脉冲波向前发送。为了更好地聚拢声音，隆起的形状会呈多种样式。

喷水孔　声囊

鼻腔气囊

背鳍
可以使海豚在水中保持平衡。

喉

如何发声

1 吸气
打开喷水孔吸入氧气。

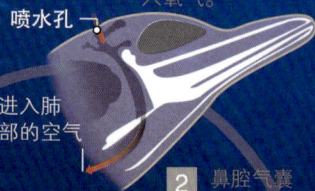

喷水孔

进入肺部的空气

2 鼻腔气囊鼓起。
它们在不吸入氧气的情况下，可以在水下游动12分钟。

肺中的空气

尾鳍
有一个水平轴（与鱼鳍不同），可以推动海豚向前游动。

4 鼻腔气囊放气

头部圆形隆起

声音

脑

3 振动
空气在气囊中共振，脑产生的声音经由头部圆形隆起传导。

胸鳍

1 发出信号
气流经过呼吸腔产生声音，但由圆形隆起产生共鸣并扩大共振，其频率与强度通过这种方式得到强化。

下颌骨
下颌骨在向内耳传送声音的过程中发挥着非常重要的作用。

③ 接收和解译信号

中耳向大脑发出信号。海豚可以听到100赫兹到150千赫之间的所有声音（人耳只能听到15千赫以下的声音）。低频信号（口哨声、鼾声、咕噜声、滴答声）是海豚的社交生活中的关键要素，因为鲸类动物是无法单独生活的。

1.4千克
人脑

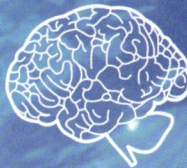

1.7千克
海豚脑

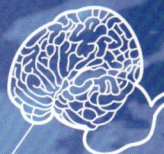

更多的神经元
所有信号处理都在海豚大脑中完成，海豚大脑中的沟回至少是人类的两倍，神经元的数目也比人类多50%。

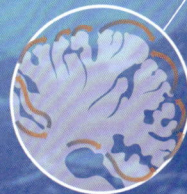

中耳

② 传递信号

用低频信号和其他海豚交流，把高频信号当作声波定位仪。

1.5千米/秒
声波在水中传播的速度比在空气中快4.5倍。

回声定位

A 海豚从鼻腔中发出一系列滴答声。

B 头部圆形隆起可以聚拢滴答声然后向前发射。

C 声波在前进途中碰到物体会被反射回来。

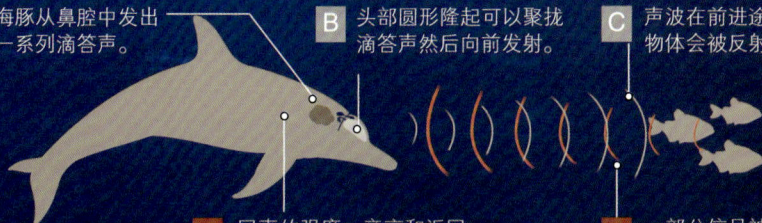

E 回声的强度、音高和返回时间能表明障碍物的大小、位置和方位。

D 一部分信号被反射回来，以回声的形式返送给海豚。

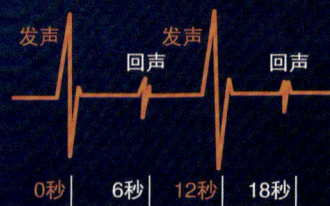

回声信号

发声

回声

发声

回声

0秒　6秒　12秒　18秒

生机勃勃的地洞

兔子是群居性动物，生活在由一系列地洞组成的兔穴里。它们会在地下挖洞，供社会地位较高的雌兔居住。它们主要在夜间活动，白天的大部分时间都躲在洞穴中，夜幕降临时才外出觅食。●

首选地点
兔窝周围要有草丛和遮蔽物这两样东西，兔子才会觉得舒适、安全，所以它们一般会选择在灌木丛或岩石附近的草地上建窝居住。

后足

60米
这是兔子愿意离开洞穴的最远距离。

兔子的爪印
兔子的爪印很容易辨认，这是因为它们的行走方式与跳跃方式十分独特。

洞穴入口
15厘米

兔穴
这是地洞的主体部分，成年兔们会居住在这里。兔穴是由很多互相连通的甬道和内室构成的，形成了复杂的网状结构。

土堤

食物储备

巢

提示危险的印记

普通爪印

危险信号
如果有陌生动物闯入或者在其他的危险情况下，兔子会用后足脚跟重重地踩踏地面，警告自己的同类不要离开洞穴。

声音警报
兔子重重踩踏地面时，还会发出一种兔群里所有成员都能听到的声音。如果兔子陷入困境，则会发出响彻周围的尖叫声。

听到警报的兔子会呆在原地静止不动。

得到严密保护的洞穴
洞群内部铺有植被和兔毛，既可以防止洞穴被破坏，也可以吸收湿气。

1 前足
兔子跳跃时，两只前足会同时先着地。

两只爪子几乎只留下一个不太明显的小爪印。

2 后足
接着兔子的后足落在前足的爪印之前。

这使兔子的爪印呈现特有的Y形。

兔子爪印的形态
它们总是呈现这种Y形的形态。

行走的兔子　　　跳跃的兔子

3 新的跳跃
后足蹬离地面，开始新的跳跃循环。

第二入口

食物
兔子以草本植物、根和球茎为食。它们的一部分排泄物是柔软的、表面有黏液，能够再次食用，相当于牛科动物的反刍。

12~20厘米
食物地窖

1~3米
生活区域

40米
这是洞穴隧道所能达到的长度。

次级甬道
次级甬道通常较狭窄，而且甬道之间互不连通。年轻母兔的后代居住在这里。

兔妈妈离开幼兔时会用泥土盖住出口，防止它们遇到危险。

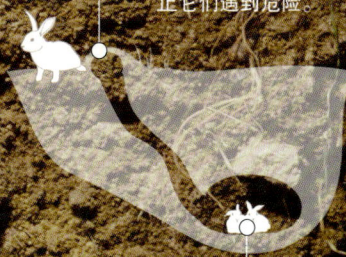

次级甬道只有一个出口，不与窝或其他地方连接。

小兔子会在这里安全地长大，直到它们能保护自己为止。

与人类的关系

猫的历史可以追溯到1 200万年前，那时猫科动物开始在地球上繁衍。不过，对猫的驯养是在4 000年前才开始的。当时，古埃及人决定把猫引入他们的家庭生活，用来驱赶老鼠。接着，腓尼基人把猫带到了意大利和欧洲其他

顽皮又可爱

猫是极佳的陪伴动物。它们独立性极强，又十分爱干净。

地区。本章要讨论的话题之一是威胁许多物种生存的因素，这包括自然栖息地的减少、非法盗猎、环境污染与非法宠物交易等。未来30年内，可能会有几乎1/4的哺乳动物从地球上消失。●

神话与传说

人类作为一种高级哺乳动物，一直以来都与其他各种各样的哺乳类动物有着密切的联系，许多神话与传说就来源于这种联系。例如罗马神话中把战神马尔斯的孪生子罗穆卢斯和雷穆斯从死亡边缘救回来的母狼卢培卡；又如希腊神话中的弥诺陶洛斯诞生记，故事中一位王后因受到诅咒无可救药地爱上了一头公牛，并生下了这个牛头人身怪物。每个神话都源于一种特殊的传统，在不同的文化中有着不同的含义。●

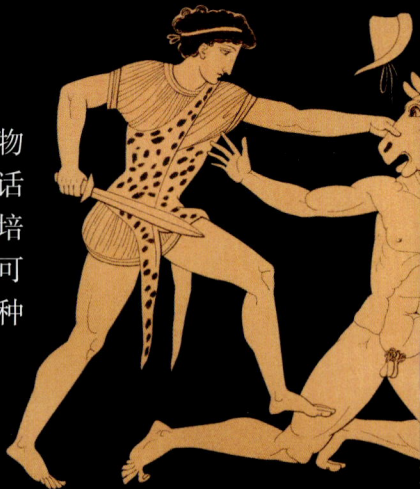

珀加索斯

希腊神话中的双翼飞马，美杜莎之子。它飞到奥林匹斯山，众神之王宙斯接待了它。此后，它为宙斯运送了雷电，宙斯为表示感激将它的形象放在了夜空中。

特洛伊木马

希腊人围攻特洛伊十年之久，都没能夺取这座城市，于是他们想办法建造了一匹中空的木马，让士兵藏在里面，然后将木马留在了海滩上。特洛伊守军以为木马是海神波塞冬赐予他们的礼物，于是将它运入城中。夜深人静之际，希腊士兵从木马腹中出来，为希腊军队打开城门，一举攻下特洛伊城，并焚毁了它。

西方

希腊人与罗马人是西方神话和传说的主要缔造者，这些神话与传说总是把人类与动物联系起来，如人身牛头怪或者展翼飞马等等，这样的例子数不胜数。

刻耳柏洛斯

希腊神话中冥界的三头怪犬，又称为地狱之犬，它负责守卫亡灵帝国，防止亡灵从这里逃离或者活人误入此地。

弥诺陶洛斯

希腊神话中，它是一个吃人肉的人身牛头怪。海神波塞冬送给米诺斯国王一头白色公牛用作祭祀，然而米诺斯国王的妻子帕西法厄却被迫和这只牛发生了关系，尔后在克里特岛生下了尼诺陶洛斯。

东方

东方文化里，动物（尤其是哺乳动物）在神话和传说中扮演着主要角色。有时，同一种动物在不同的文化中有着不同的含义。在埃及人眼中，猫代表着和谐与幸福；但是在佛教世界里，猫并不受欢迎，因为佛死去的时候只有猫和蛇没有哭泣。

独角兽

这个独角兽石印章展示在位于卡拉奇的巴基斯坦国家博物馆，它的历史可以追溯到公元前2300年。

神话

神话起源于对自然界的观察。

罗穆卢斯和雷穆斯

兄弟俩被遗弃在台伯河岸，被一只叫作卢培卡的母狼发现了。母狼给他们哺乳并养育了他们。兄弟俩长大成人后，回到他们被遗弃的地方，在那里建立了罗马。

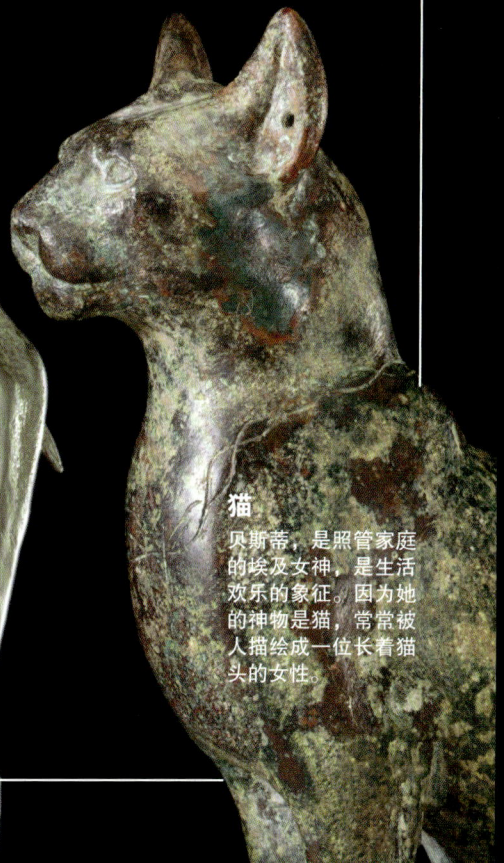

狮子

这只神狮是佛教教义的守护者，也是文殊菩萨的坐骑。

猫

贝斯蒂，是照管家庭的埃及女神，是生活欢乐的象征，因为她的神物是猫，常常被人描绘成一位长着猫头的女性。

各就其位

大自然总是在小心翼翼地维持着自身的平衡，它给食物链中的每种动物都赋予了自己的使命。一旦某个角色出现缺失，该区域的平衡就会被打破。澳洲野狗在牧羊人眼中是个大麻烦，为此他们竖起大栅栏来保护羊群，栅栏可以阻止野狗捕食，同时也能使其他动物更自由地觅食。从保护家畜与抑制狂犬病这两方面看来，澳洲野狗属于有害动物。

澳洲野狗的引入

曾经，人们认为澳洲野狗是澳大利亚原住民驯养的动物。其实，这些哺乳动物起源于亚洲，后来是被人们带来澳大利亚的。澳洲野狗是中型野狗，尾巴较粗，比较特别的是，它们的叫声不像是犬吠而是一种特殊的嚎叫。欧洲拓荒者初到澳大利亚时，澳洲野狗还能被人们接受，但是当绵羊成为经济的重要组成部分时，事情就发生了变化。不久后，人们开始诱捕、猎杀或毒死澳洲野狗。

食物链

为了避免食草动物受到澳洲野狗的攻击，人类建起了大栅栏，有了更大的空间来放牧。

澳洲野狗
绵羊的主要天敌，被人类从这个地区驱逐出去。

绵羊
没有了澳洲野狗的存在，绵羊的数量迅速增加。

袋鼠
它们可以更自由地四处觅食。

牧草
变得越来越稀少，袋鼠和绵羊等食草动物越来越难找到食物。

澳洲野狗
拉丁名称：
Canis dingo

大栅栏

人们建造大栅栏的目的，是把澳洲野狗赶到澳大利亚东南部以外的地区，从而使羊群得到保护。大栅栏绵延数千千米，在很大程度上成功地达到了预期目标。这个地区的澳洲野狗数量大大减少，尽管羊被吃掉的数目也随之减少，但却加剧了在牧草地觅食的兔类和袋鼠之间的竞争，导致生态失衡。

5 320千米

大栅栏的长度。

澳大利亚

悉尼

墨尔本

防御带
它的形状随着维护情况而变化，澳大利亚政府为这项事业提供补贴，但牧羊人才是真正维护该防御带的人。

—— 大栅栏的走向

● 基本无澳洲野狗的地区

羊毛工业

澳大利亚的羊毛产量居世界第二。境内有1.1亿只绵羊，羊毛产量占世界总产量的10%。1989年，世界著名的大栅栏部分倒塌，约2万只羊被澳洲野狗吃掉。

养 猪

养猪是历史最悠久的畜牧生产方式之一。早在7 000多年前，中国人就开始养猪，目前中国仍然是全球最大的养猪生产国。不过养猪这件事已经变得越来越复杂，今天的人们对猪进行杂交繁育，使其能够一次产出更多的猪仔，在更短的时间内生产出更高质量的猪肉。●

猪肉生产

养猪场里的遗传学应用很复杂，但又十分重要，因为猪的品种非常特别。下面将简要介绍不同品种的猪之间的明显差异。

肉猪
体重增长快，体格强壮，食物转化效率高。

汉普夏猪

杜洛克猪

皮特兰猪

种母猪
它们能生出很多小猪，繁殖能力极强，又擅于哺育后代。

长白猪

约克夏猪

杂交产生供消费的肉用猪

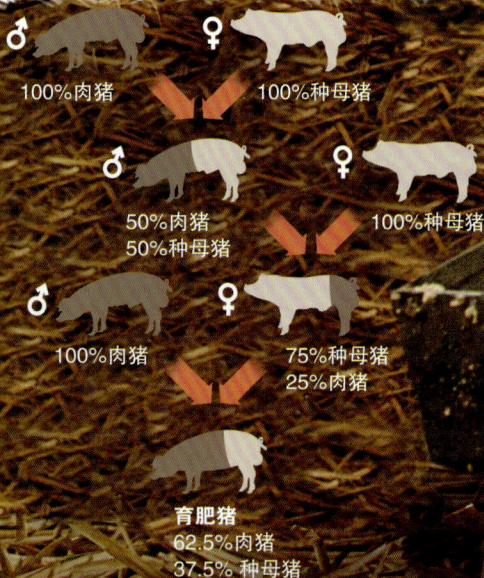

♂ 100%肉猪　♀ 100%种母猪

♂ 50%肉猪
50%种母猪　♀ 100%种母猪

♂ 100%肉猪　♀ 75%种母猪
25%肉猪

育肥猪
62.5%肉猪
37.5%种母猪

① 配种

老母猪从育种室里淘汰出来，年轻的后备母猪进圈，接受自然受精或人工授精。

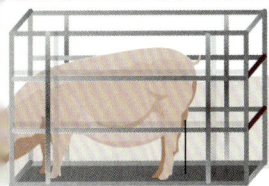

95~100千克

猪达到这个体重时，就将被宰杀。

❷ 受孕

受精后的母猪会被赶到孕育室，在那里生活114天，或直到生产前两三天为止。为避免生产时出现问题，母猪要按照严格的规定进食，这样才不会发胖。

❸ 生产

母猪一窝可产下10~12只幼崽，每天可分泌12升以上的乳汁。它的饮食不再受限，这样母猪断奶后才不会变得虚弱。

❹ 喂养

刚刚断奶的猪崽被带到喂养室，那里平均温度控制在25℃。饲养员会给猪崽设定初步的进食量。猪崽从第21天到第45天一直生活在这里。

切块

猪肉可以按完整的畜体或切块的方式出售，也可以加工成香肠或肉块。

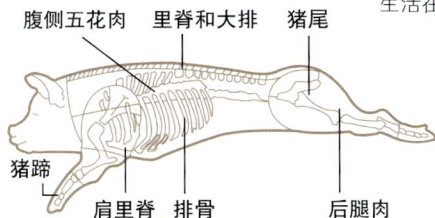

腹侧五花肉　里脊和大排　猪尾

猪蹄　肩里脊　排骨　后腿肉

❺ 催肥

这个过程大约持续90天，当猪长到150天时，体重达到约95千克。

❻ 屠宰

一旦猪的体重达到95~100千克，就会被带去屠宰场。在那里，先用电击使猪失去意识，然后将它杀死，放入热水中烫去猪毛，接着放血，除去内脏，最后进行加工。

饲养

人们通常使用生长激素来增强食物转化效率，提高畜体中的瘦肉含量。

牛奶生产

18世纪以前，牛奶的消费量极低，因为牛奶只能保鲜几个小时而不变质，当时用鲜奶来满足市民的需要是一件很不容易的事。直到20世纪巴氏灭菌法出现，牛奶才得以长时间地保存，并通过工业化生产使它逐渐成为一种广受欢迎的饮品。●

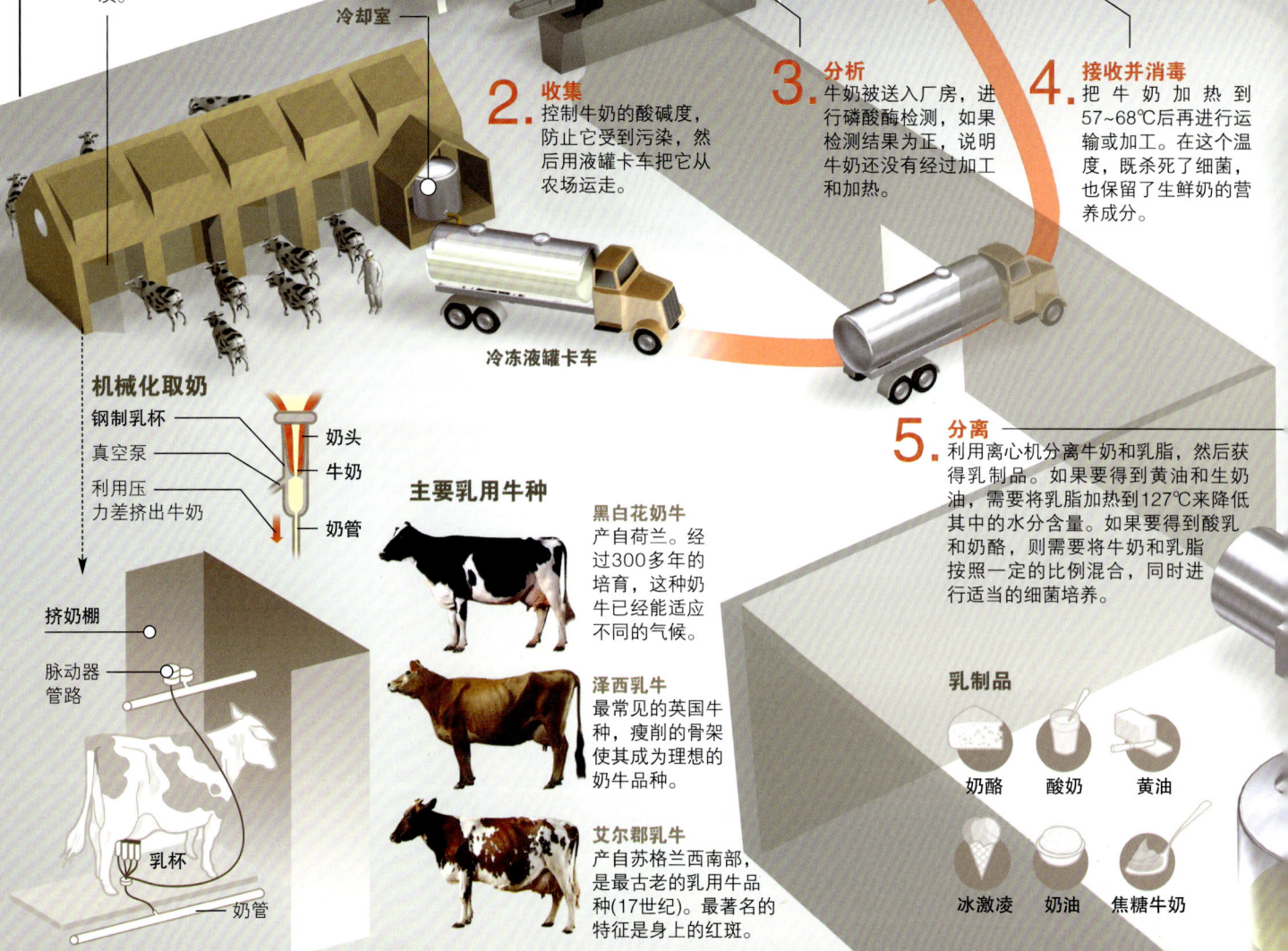

1. 挤奶和在农场进行储存加工

用机械挤出来的牛奶温度约为37℃，接着立刻冷却到4℃，以防止变质。

图例

牛奶状态
- 鲜奶
- 消毒奶
- 脱脂奶
- 乳脂
- 均质化奶
- 经巴氏灭菌的牛奶

冷却室

2. 收集

控制牛奶的酸碱度，防止它受到污染，然后用液罐卡车把它从农场运走。

冷冻液罐卡车

3. 分析

牛奶被送入厂房，进行磷酸酶检测，如果检测结果为正，说明牛奶还没有经过加工和加热。

4. 接收并消毒

把牛奶加热到57~68℃后再进行运输或加工。在这个温度，既杀死了细菌，也保留了生鲜奶的营养成分。

5. 分离

利用离心机分离牛奶和乳脂，然后获得乳制品。如果要得到黄油和生奶油，需要将乳脂加热到127℃来降低其中的水分含量。如果要得到酸乳和奶酪，则需要将牛奶和乳脂按照一定的比例混合，同时进行适当的细菌培养。

机械化取奶

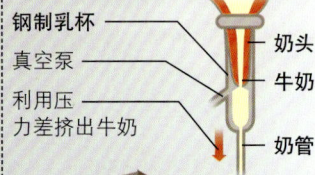

钢制乳杯
真空泵
利用压力差挤出牛奶

奶头
牛奶
奶管

主要乳用牛种

黑白花奶牛
产自荷兰。经过300多年的培育，这种奶牛已经能适应不同的气候。

泽西乳牛
最常见的英国牛种，瘦削的骨架使其成为理想的奶牛品种。

艾尔郡乳牛
产自苏格兰西南部，是最古老的乳用牛品种(17世纪)。最著名的特征是身上的红斑。

挤奶棚

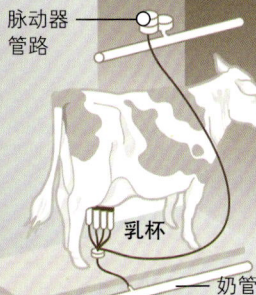

脉动器管路

乳杯

奶管

乳制品

奶酪　酸奶　黄油

冰激凌　奶油　焦糖牛奶

6. 均质化

确保产品黏稠度的均衡统一，通过高压产生的摩擦来打散牛奶中的脂肪球。

对牛奶施以高压并用活塞挤压，减小脂肪球粒的大小差异。

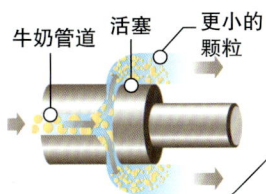

牛奶管道　活塞　更小的颗粒

7. 巴氏灭菌

确保牛奶中可能存在的有害微生物全部被杀死，而不改变牛奶的特性。第一步是用间接加热源快速将牛奶加热，接着通过冷却管将其迅速冷却，完成一个循环。

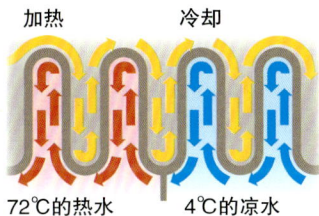

加热　　冷却

牛奶入口

72℃的热水　　4℃的凉水

路易斯·巴斯德
(Louis Pasteur)
1822—1895

法国化学家，他有着多项发现和发明，其中之一是他发现食物的腐烂是由细菌引起的，并发明了防止物质变质的最初的一些方法。

8. 装瓶

用过氧化物溶液给容器消毒，再用试剂条测试，以确保没有过氧化物残留。

均质器

热水器

控制室
现代化工厂里的各个加工步骤都是自动化的，由中央操控室使用电脑控制。

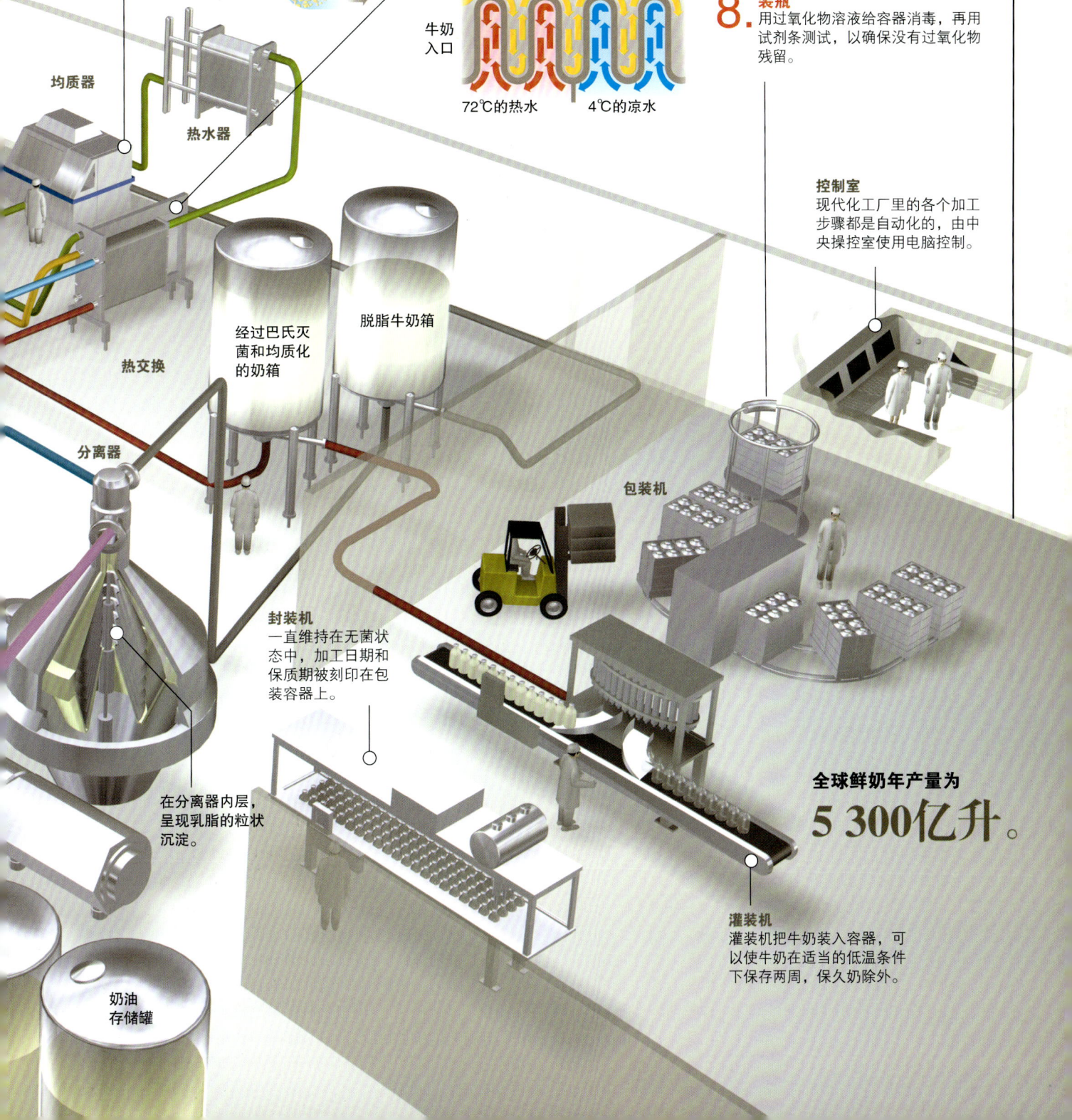

经过巴氏灭菌和均质化的奶箱

脱脂牛奶箱

热交换

分离器

包装机

封装机
一直维持在无菌状态中，加工日期和保质期被刻印在包装容器上。

在分离器内层，呈现乳脂的粒状沉淀。

全球鲜奶年产量为

5 300亿升。

灌装机
灌装机把牛奶装入容器，可以使牛奶在适当的低温条件下保存两周，保久奶除外。

奶油存储罐

来自人类的威胁

据联合国统计，在未来30年里，几乎1/4的哺乳动物有可能会从地球上消失。这种极度的恶化现象毫无疑问地反映出人类对自然的破坏，捕猎、砍伐森林、污染、城市化和大规模旅游业等，都严重威胁着动物的生存。专家估计，超过1000种的哺乳动物濒危或易遭受威胁。经鉴定，地球上20个地区的物种在不久的将来有可能消失。●

受到影响的地区

▶ 撒哈拉以南的非洲地区有781种生存受到威胁的物种，南亚有726种。南美洲有另外346种濒危物种，中美洲和北美洲有63种濒危哺乳动物。

世界上的哺乳动物

超过1/5的哺乳动物是濒危物种，这占到现存的哺乳类动物的20%~25%。

1 097种
有灭绝危险的物种。

4 319种
物种没有灭绝危险，或没有相关信息。

162种
极危物种。

583种
易危物种。

348种
濒危物种。

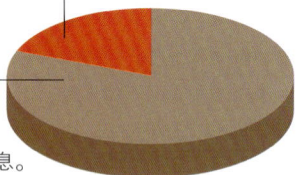

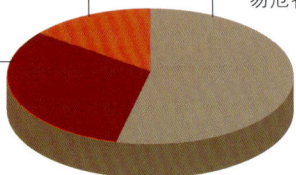

根据国家来划分

印度尼西亚的濒危物种种类居世界第一，"老虎王国"印度紧随其后。在拉丁美洲，巴西濒危物种最多，其次是墨西哥。

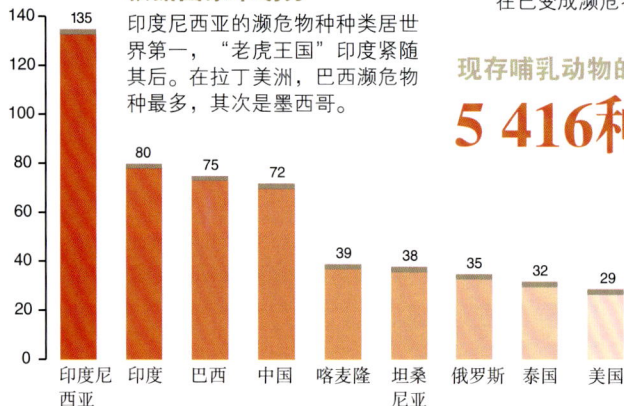

国家	数量
印度尼西亚	135
印度	80
巴西	75
中国	72
喀麦隆	39
坦桑尼亚	38
俄罗斯	35
泰国	32
美国	29

北美洲

海獭
（*Enhydra lutris*）
它们的居住地曾经从千岛群岛延伸到美洲的加利福尼亚，而现在只有在美国阿拉斯加和本土地区有少数群体生存。

欧洲

大西洋

中美洲

太平洋

鹿瞪羚（又称苍羚）
栖息地的退化和不加节制的猎杀已威胁到它们的生存。在撒哈拉沙漠，鹿瞪羚的数量在10年的时间里减少了80%。

非洲

毛丝鼠
（*Chinchilla brevicaudata*）
它们居住在智利和秘鲁的安第斯山脉，肆意的猎杀使其数量锐减，现在已变成濒危物种。

南美洲

南露脊鲸
（*Eubalaena australis*）
生活在南纬20°~60°。人们猎捕它们是为了得到高质量的鱼油，而且它们相对容易捕获。据估计目前仅有3 000头存活。

现存哺乳动物的种数为

5 416种。

鲸类

▶ 灰鲸生活在北太平洋和北极区，属于受保护动物。1970年，抹香鲸面临灭绝危险，现在已经禁止对其捕杀。印度洋已经被宣布为鲸鱼保护区，力图控制捕杀鲸鱼，但是现存的13种大型鲸鱼中仍然有7种面临灭绝的危险，相当数量的海豚也面临着这个问题。

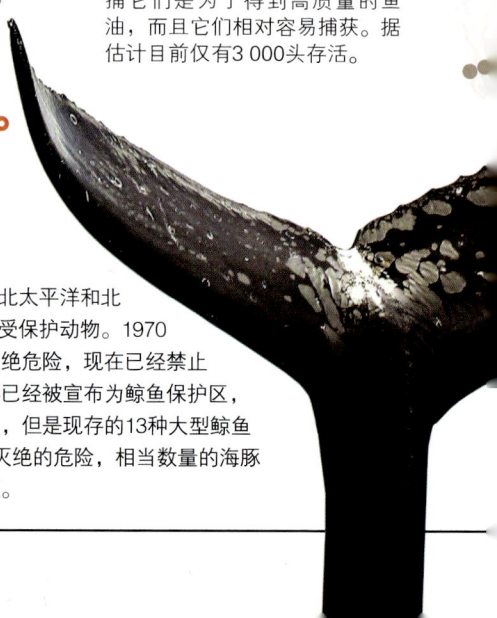

图例

- ● 哺乳动物面临极度危险
- ⊙ 已经灭绝的物种达到10种
- ● 已经灭绝的物种超过10种

灵长类动物

625种灵长类动物物种和亚种中，有25%面临灭绝的危险。造成这种情况的主要原因是森林砍伐、无节制的商业捕猎和非法动物交易。加蓬和刚果是黑猩猩和大猩猩的主要生活地，但从1983年到2000年，那里的黑猩猩和大猩猩数量减少了一半多。

长臂猿科
长臂猿　合趾猴

人科
猩猩　黑猩猩

IUCN
The World Conservation Union

国际自然保护联盟（IUCN），创建于1948年，拥有来自众多国家的近1万名专家。

亚洲

太平洋

印度洋

大洋洲

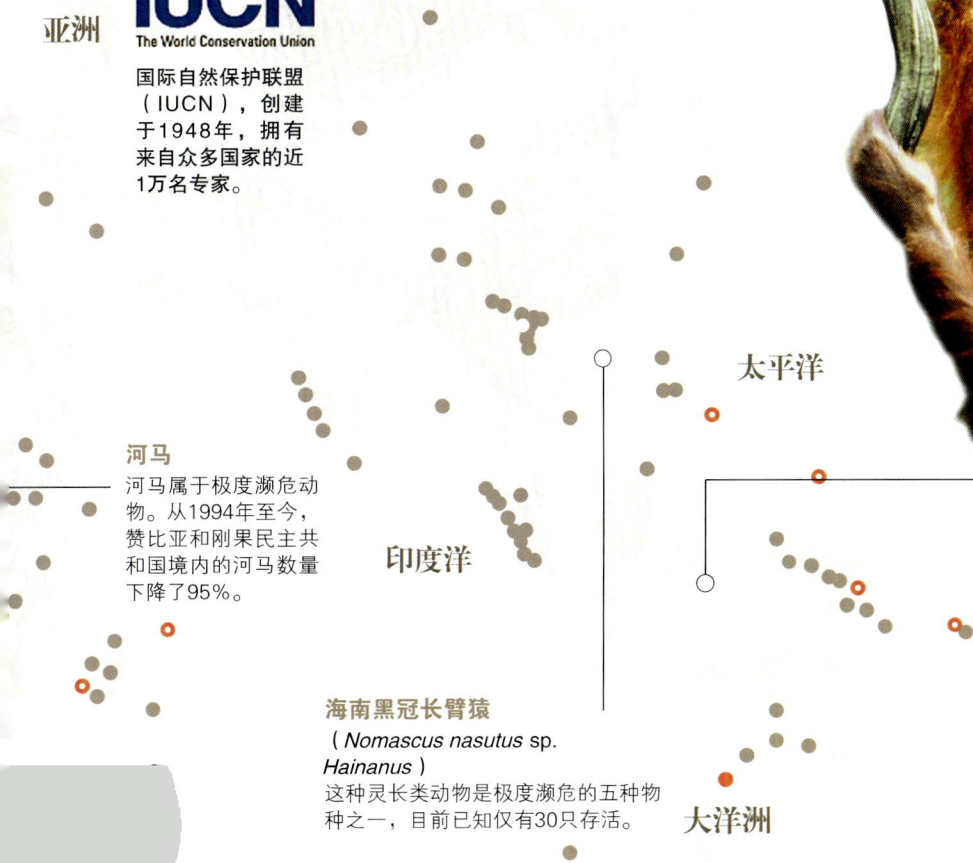

河马

河马属于极度濒危动物。从1994年至今，赞比亚和刚果民主共和国境内的河马数量下降了95%。

海南黑冠长臂猿

（ *Nomascus nasutus* sp. *Hainanus* ）
这种灵长类动物是极度濒危的五种物种之一，目前已知仅有30只存活。

猩猩

（ *Pongo pygmaeus pygmaeus* ）（婆罗洲）
（ *Pongo pygmaeus pygmaeus* ）（苏门答腊）
它们生活在婆罗洲和苏门答腊的热带雨林中。肆意的砍伐、采矿和森林火灾以及非法捕捉小猩猩作为宠物贩卖，使它们和自然界隔绝。

海豚
大西洋鼠海豚
抹香鲸
蓝鲸
灰鲸
长须鲸

大熊猫

（ *Ailuropoda melanoleuca* ）
有约1 000只大熊猫生活在中国的自然保护区。对它们的天然食物——竹子的砍伐造成了其栖息地消失，而且将它们关起来繁殖后代是很困难的事（因为熊猫性格胆怯），这两点是此物种数量减少的主要原因。

术 语

鼻甲骨

鼻孔中的弓形骨质薄片。

鼻孔

位于鼻腔处、通向身体外部的两个开口。

表皮

皮肤的外层，由覆盖动物躯体的上皮组织构成。

哺乳动物学

研究哺乳动物的学科。

哺乳期

哺乳动物完全依靠母体乳汁生存的时期。

哺乳型类动物

参见二齿兽。

重瓣胃

反刍动物的第三个胃腔，是一个具有高度吸收能力的小器官，水以及钠和磷等矿物质在此循环后能够通过唾液返回到瘤胃中去。

刺豚鼠

南美洲啮齿类哺乳动物，长约50cm，足大，尾短，耳朵小。

单孔目

原兽亚纲中唯一的一个目，由卵生的哺乳动物组成，且该目中的大部分成员会在一个育幼袋中来孵卵。单孔目动物的乳腺是管状的，和汗腺相似。单孔目分为四个科，其中一半已经灭绝了。

冬眠

某些哺乳动物为适应严冬等不利环境而作出调整的生理状态，表现为体温下降以及新陈代谢水平的降低。

动情期

雌性动物发情或拥有最大的性接受力的时期。

动物行为学

一门研究动物行为的学科。

洞穴

某些动物用来栖息和养育幼仔的地洞。

断奶期

哺乳动物停止用母体乳汁维持幼仔生命的过程。

多发情期动物

一年里有多次繁殖期或者生殖期的动物。

多瘤齿兽

主要生存于中生代的哺乳动物群体，在新生代早期灭绝。

耳蜗

位于哺乳动物内耳中的一个卷曲的螺旋管状结构。

二齿兽

起源于二叠纪晚期，是最早表现出温血动物基本特征的动物，与真正的哺乳动物有亲缘关系。这一类包括哺乳型类动物。

二色性的

指老鼠、狗等哺乳动物的视网膜内只含有两种类型的圆锥细胞，只能分辨出某些颜色。

二态性

指同一物种的两种解剖结构形态，比较普遍的是（同一物种）雄性和雌性间的性别二态性。

发展史

物种以及广义的生物谱系的起源和进化发展过程。

反刍

某些动物（反刍动物）具有的二次咀嚼功能，即将已经在胃腔中的食物送返到嘴里咀嚼后再咽下的过程。

反荫蔽

又称逆向着色。一些哺乳动物毛发或皮毛上防护性的颜色特征，背部颜色较深，而腹部颜色较浅。

跗关节

位于四足动物后肢的距骨和跗骨之间的关节。

杆状细胞

与圆锥细胞共同构成脊椎动物视网膜的感光细胞，负责周边视力和夜间视力，但感知颜色的能力很差。

褐黑素

黑色素的一种，呈黄红色。

黑色素

某些细胞原生质中的黑色或者黑棕色色素，

能为皮肤、毛发、脉络膜等着色。

恒温性

动物保持体内温度恒定，不受外界环境影响的体温调节功能。恒温动物的体温通常比所处环境的温度高。

红细胞

含有血红蛋白的球状血细胞，赋予血液典型的鲜红色泽，负责在身体内运送氧气。

虹膜

位于眼睛的角膜和晶状体之间的圆盘状薄膜，有不同的颜色。虹膜的中央是瞳孔，瞳孔能在肌纤维的作用下扩大和收缩。

后兽次亚纲

兽亚纲的分支，由在母体内部分完成繁育过程、随后在育幼袋内继续生长发育的物种组成。

换羽期/蜕皮期

某些动物蜕去外皮或换羽的过程。

回声定位

通过发出声音并分析其回声，来确定方向和定位物体的能力。

脊髓

中枢神经系统的延伸，通常被椎骨保护着。这种柔软的由脂肪构成的物质是主要的神经通路，能够向大脑和肌肉传递或反馈信息。

加热杀菌法/巴氏杀菌法

在不显著影响牛奶的物理和化学性质的情况下，破坏牛奶中的致病细菌并减少良性菌丛的方法。

肩胛骨

三角形的骨头，又叫作肩胛，和锁骨一同构成肩胛带。

角蛋白

富含硫黄的蛋白质，是哺乳动物表皮最外层如毛发、角、指甲和蹄等的主要成分，使其强韧或坚硬。

鲸蜡

位于抹香鲸头部的一个器官分泌的一种蜡状物质。人们认为鲸蜡可以帮助鲸鱼在深海里潜水，但有些专家认为鲸蜡能帮助鲸鱼进行回声定位。

犁鼻器

嗅觉的辅助器官，位于鼻子和嘴之间的犁骨上。其感觉神经元能察觉通常由大分子构成的不同的化合物。

两足动物

一类用两个足行走的动物。

裂臼齿

食肉动物锋利的前臼齿和臼齿的典型组合，能够帮助它们更有效地切开和撕碎猎物的肉。

瘤胃

反刍动物的第一个胃腔，是一个能在消化过程中存放100~120千克物质的大发酵容器。纤维颗粒能在瘤胃中存放20~48小时。

路易斯·巴斯德

（1822—1895）法国化学家，发明了加热杀菌法（巴氏杀菌法），并推动了其他多项科学进展。

卵泡

位于皮肤或黏膜上的小囊状器官。

卵生动物

指将卵产在母体之外的动物，幼仔在破壳前完成发育。

脉络膜层

位于一些脊椎动物视网膜后面的一层细胞，能将光反射给视网膜，增加其所接收的光的强度。能在接近黑暗的情况下提高对光的感知度。

脑回

大脑皮层表面的每一个微小的隆凸或褶皱。

泡状腺

功能性生产单位，由一层呈球状集合的乳汁分泌细胞构成，中央有凹陷，被称为"内腔"。

胚胎

始于受精到初步形成物种外观特征的生长发育初始阶段的生命体。

皮质

脑和肾脏等一些器官的外部组织。

栖息地

某一个体物种或者由多种动植物组成的生物群落生存的地球物理空间。

清蛋白/白蛋白

血浆中大量存在的蛋白质，是血液中的主要蛋白，在肝脏中合成。清蛋白还存在于蛋清和乳汁中。

球节

四足动物掌骨和骹骨间的肢关节。

妊娠期

从受精到出生期间，胚胎位于雌性哺乳动物体内发育的过程。

肉肢

四足动物的肌肉肢。以一根长骨的前端与肩胛带相连，其末端则与两根同趾关节相连的骨头连接而成。

乳房

某些雌性哺乳动物具有的含有乳腺的液囊状器官。

乳腺

雌性哺乳动物特有的一种腺体分泌器官，在哺乳期能够产生乳汁，为幼仔提供乳汁。

腮须

很多哺乳动物具有的、位于嘴附近的非常灵敏的毛发，好像胡须一样。

三色性的

指眼睛内有三类圆锥细胞的哺乳动物，对红、绿、蓝三色敏感。

神经元/神经细胞

神经系统分化出的细胞，能够在其他神经元间传导神经冲动，由一个感受器、树突和一个传送器（即轴突，或者叫做神经突）构成。

生态系统

由一群相互联系的生物及其环境构成的动态系统。

生物群系

由某种占优势地位的植被或动物群构成的陆生生态系统或水生生态系统。

食腐动物

以已经死亡的生物有机体为食的动物。食腐动物能够通过吃死去的动物来分解它们，有助于维持生态系统的平衡。

视网膜

哺乳动物及其他动物眼中的一层薄膜，对光的感受通过它转化为神经冲动。

视锥细胞

脊椎动物视网膜内的感光细胞，对分辨色彩起主要作用。

输卵管

卵子由此离开卵巢等待受精的管道。

树突

神经细胞树杈形的延伸，并通过它来接受外部刺激。

四足动物

长有四条腿的动物。

胎盘

包裹胚胎的海绵状组织，作用是通过血液进行（母体与胎儿之间的）物质交换。它还能保护胎儿不受感染，并在妊娠期和出生时控制生理过程。

胎盘动物

真兽次亚纲下各目物种的统称。

胎生的

指子代的胚胎在母体内生成发育、出生后能够独立成长的动物。

特有分布

指动物或植物原产于某一区域并只在那里生长的特性。

蹄

能把某些哺乳动物的脚掌末端完全包裹住的坚硬的或角质化的覆盖物。

兔穴

兔子挖掘的用于保护自己和幼仔的地洞。

腕骨

腕关节的骨结构，位于前臂和掌部的骨头之间，由两排骨头构成。

网胃

反刍动物的第二个胃腔，该胃腔如同一个十字路口，进入和离开瘤胃的颗粒在这里分离。只有直径小于2毫米的颗粒或者密度超过1.2克/毫米的颗粒，才能通过这里进入到第三个胃腔。

尾膜

蝙蝠脚间的薄膜，这层薄膜也包裹着尾巴。

温血性

动物调节新陈代谢来保持恒定的体温而不受外界环境温度影响的能力。

下孔类动物

又称兽孔类爬行动物，是羊膜动物的一个分支，据描述是类似哺乳动物的爬行动物，特征是在双眼后面的头骨颞区有一个颞孔。它们生活在3.2亿年前的石炭纪晚期，被认为是现代哺乳动物的起源。

小球体

诸如肾小球之类的球状结构，由细小的毛细血管球构成，能够过滤血液。

小乳头状突起

皮肤或者黏膜上的圆锥形小突起，尤其是舌头上的突起，具有味觉功能。

泄殖腔

泌尿系统和生殖系统导管的出口。

心搏徐缓

指心跳频率低于60次/分的情况。

信息素

由性腺产生的一种易挥发的化学物质，用于吸引异性个体前来交配。

驯养

指动物群体随着时间推移和环境变化，经过多代重复的延续而产生的一系列遗传变化，能逐渐适应人类圈养的过程。

一雌多雄制

指在一个繁殖期内一个雌性与不同雄性进行交配的关系。

一窝

哺乳动物一次产下的所有幼仔。

一雄多雌制

在某些动物的社会体系中，雄性占有多个雌性的关系。

翼膜

与蝙蝠的指、前肢、身体、脚和尾巴相连的一层非常薄的膜。

营养链

生物之间因逐级连续的摄食关系而形成的一种关联系统。

有袋类动物

一种哺乳动物，其雌性产出未发育完全、不能独立生存的幼兽，幼兽要在母兽腹部的育幼袋内成长，母兽的乳腺也位于此处。有袋类动物属于后兽次亚纲。

有蹄类动物

站立时以趾来支撑身体、行走时以趾尖着地、且趾由角质趾甲包裹着的哺乳动物。

幼兔

年幼的或仍在生长发育中的兔子。

育幼袋

雌性有袋类哺乳动物腹部特有的袋状物，由一层皮肤构成，附着在腹壁外层，起孵化室的作用。乳腺也位于育幼袋内，幼兽在育幼袋内完成发育。

原兽亚纲

哺乳纲的亚纲，只有一个目，即单孔目。

掌骨

构成某些动物前肢和人类手掌骨架的细长的骨头集合或单一骨骼，与手腕或者腕关节的骨头以及趾骨相连。

真黑素

黑色素的一种，呈暗棕色。

真皮

皮肤的内层，位于表皮之下。

真兽次亚纲

兽亚纲下的一个分支，指在母体胎盘内完成发育的动物。

跖行动物

指用整个脚行走的哺乳动物，人类就是跖行动物。

趾行动物

只靠足趾行走的动物，如狗等。

皱胃

反刍动物四个胃腔中的最后一个，能分泌强酸和多种消化酶。

自稳态

保持生命体内部环境构成和性能稳定的自我调节现象。

索 引